AF308462

Ganzheitliches Sicherheitsmanagement für Hotelbetriebe und Hotelgäste

Florian Horn

Bibliografische Information der Deutschen Nationalbibliothek:
Die Deutsche Nationalbibliothek verzeichnet diese Publikation in der Deutschen
Nationalbibliografie; detaillierte bibliografische Daten sind im Internet über
http://dnb.dnb.de abrufbar.

Herstellung und Verlag: BoD – Books on Demand, Norderstedt

ISBN: 978-3-7504-9728-3

Inhaltsverzeichnis

VORWORT

Hotelbetriebe definieren sich als „Betrieb mit Rezeption, Dienstleistungen und zusätzlichen Einrichtungen, in dem Unterkunft und in den meisten Fällen Mahlzeiten verfügbar sind[1]". Das Beherbergungsgewerbe unterscheidet dabei im Allgemeinen zwischen unterschiedliche Betriebs- und Beherbergungsarten (z.B. All-Suite-Hotel, Aparthotel, Ferienhaus, Kurhotel, etc.).

Das wird für die nachfolgenden Seiten jedoch keinen wesentlichen Unterschied machen, denn Sie werden feststellen, dass nicht jede Maßnahme auch zu jedem Beherbergungsbetrieb passt. Das soll auch das Ziel des Ihnen vorliegenden Buchs sein: Sie sollen in die Lage versetzt werden aus einem Blumenstrauß an Maßnahmen und Risiken die passenden Lösungen für Ihre Einrichtung oder Ihren Kunden zu finden.

Nach Zahlen von Statista lag der Umsatz des Beherbergungsgewerbes in Deutschland 2018 um die 32 Milliarden Euro bei 51.229 geöffneten Beherbergungseinrichtungen und 477,6 Millionen Übernachtungen[2]. Seit 2010 ein stetig wachsender Markt, wenn man die jährlichen Umsatzsteigerungen zwischen 2,6% und 3,3% vergleicht[3].

Dahingehend ist die Hotellerie mit ihrem Umsatz in der Sicherheitswirtschaft so verschwindend gering, dass er entgegen der Zahlen des Einzelhandels (6% Umsatzanteil) oder Militärische Liegenschaften (3%) in den Daten des Bundesverbands der Sicherheitswirtschaft nicht ausgewiesen wird[4].

---

[1] DIN EN ISO 18513:2013 (E/F/D) – Tourismus und andere Arten touristischer Unterkünfte (S. 6 – Punkt 2.2.1)

[2] https://de.statista.com/themen/2639/beherbergungsgewerbe-in-deutschland/#:~:text=Von%20den%20rund%208.100%20klassifizierten,es%20insgesamt%20123%20in%20Deutschland., Stand: 27.07.2020

[3] Hierbei wurden die beiden statistischen Ausreißer von 2010 mit 6,7% und 2013 von 0,3% nicht berücksichtigt.

[4] https://public.tableau.com/profile/bdsw#!/vizhome/Beschftigte_1/80 & https://www.bdsw.de/images/statistiksatz/Statistiksatz_BDSW_BDGW_BDLS_2019_0301.pdf

Zwar sind einzelne strafrechtliche Tatbestände wie beispielsweise der „schwere Diebstahl aus Gaststätten, Kantinen, Hotels und Pensionen" in den erfassten Fällen 2019 um 8,5% (insgesamt: 16.452 Fälle) rückläufig[5], doch dürfen wir nicht vergessen, dass jeder einzelne Fall das Urlaubs- und Reisevergnügen des Gastes stört und kognitiv mit Ihrem Haus negativ verbunden werden kann. In Zeiten von social media kann eine negative Bewertung oder ein negativer Post über Buchungsanfragen weiterer Gäste entscheiden. Der Schaden am Gast beziehungsweise am Betreiber lag in 43,4% der Schadensfälle zwischen 500 € und 5.000 €[6]. Würden Sie in ein Hotel zurückkehren, in dem Sie bestohlen wurden? Reichen Ihre Margen aus, um den Schaden zu kompensieren?

Als Sicherheitsmanager war ich in den vergangenen 10 Jahren nicht nur so häufig auf Dienstreisen, dass mein Schreibtisch oftmals erst entstaubt werden musste, bevor ich an meinem regulären Dienstort wieder arbeiten konnte. Ebenso war ich für die Erbringung von personellen Dienstleistungen und der Beratung von Hoteliers verantwortlich. Dabei führten mich meine Reisen in das innerdeutsche Land sowie europäische Ausland. Doch nur sehr selten habe ich erleben können, dass ich mit einem zufriedenen Gefühl meine Nachtruhe angetreten habe. Vielerorts fing es mit Kleinigkeiten wie dem lauten Verkünden meiner Zimmernummer und meines Namens beim Einchecken an, ging dann weiter mit dem Aushändigen von Ersatzschlüsselkarten, ohne einer Kontrolle, ob ich überhaupt derjenige bin, für den ich mich ausgebe und endete mit offenstehenden Türen nach der Zimmerreinigung und verheerenden Brandschutzmängeln.

In Gesprächen mit Hotelbetreibern und im direkten Vergleich zu anderen Kunden lernte ich früh, dass sich Einrichtungen, über die wir in diesem Buch sprechen werden, erheblich von der klassischen Unternehmenssicherheit unterscheiden. Nicht nur, dass es keinen nachvollziehbaren Grund gibt klassische Ansätze des Werkschutzes zu nutzen (Perimeterschutz,

---

[5] PKS Bundesrepublik Deutschland, Jahrbuch 2019 (67. Ausgabe)
[6] PKS Bundesrepublik Deutschland, Jahrbuch 2019 (67. Ausgabe)

Abriegelungen, strenge Besucherregelungen), auch in dem Kern und der Philosophie der Hotellerie liegen ganz andere Anforderungen und Bedürfnisse.

Dieses Buch soll auch kein Anprangern darstellen oder sie in eine Rechtfertigungssituation bringen – ich werde vermeiden konkrete Namen zu nennen. Das Buch kann uns allen nur helfen besser zu werden, von den Fehlern anderer zu lernen und unserem eigentlichen Ziel ein Rundum-sorglos-Paket für den Gast zu schnüren, unterstützen.

Aus diesem Grunde wollen wir uns mit den folgenden Themen beschäftigen: Welches Verständnis von Hotelsicherheit gibt es und weshalb ist dieser Begriff schwer definierbar? Welche spezifischen Sicherheitsanforderungen liegen in einem Beherbergungsbetrieb vor? Welche Sicherheitsmaßnahmen werden von der Berufsgenossenschaft empfohlen, um spezifische Risiken zu minimieren? Und ganz grundsätzlich die Beantwortung der Fragestellung welche personellen, organisatorischen und technische Maßnahmen gibt es als Reaktion auf spezifische Risiken.

1.0 CORPORATE SECURITY IN BEHERBERGUNGSEINRICHTUNGEN

In meinem Vorwort wurde bereits deutlich, dass sich die Hotelsicherheit von der klassischen Unternehmenssicherheit abgrenzt. Nicht nur in dem Schutzziel des „Wirtschafts- und Produktionsschutzes", auch in der Philosophie und dem Geschäftszweck der Einrichtung. Ist es beispielsweise in Produktionsbetrieben, Forschungseinrichtungen oder im Einzelhandel wichtig durch offensive und sichtbare Maßnahmen einen potenziellen Täter abzuschrecken, ist es im Bereich der Beherbergungen notwendig, dass nicht gleichzeitig die Gäste auch mit abgeschreckt werden. Wer in seinem wohlverdienten Jahresurlaub von Überwachungskameras, Stacheldraht und hohen Zäunen umgeben ist, wird in den seltensten Fällen ein Gefühl der Erholung bekommen.

Genauso sind auch die Angriffsszenarien völlig unterschiedlich, der Wirtschafts- und Spionageschutz wird als primäres Schutzziel keine tatsächliche Rolle im Beherbergungsbetrieb spielen.

Nichtsdestotrotz ist es notwendig, dass wir uns in diesem Kapitel zunächst mit den Grundbegriffen der Sicherheit beschäftigen, Hotelsicherheit exemplarisch erklären und die Schwierigkeiten deutscher Sicherheitsmanager in diesem Bereich kurz umreißen.

1.1 DIFFERENZIERUNG SECURITY UND SAFETY

Deutschland hat ein „Sicherheitsproblem", denn unsere Sprache kennt nur ein Wort für alle Aspekte des Schutzes – nämlich Sicherheit. Sicherheit umfasst dabei aber sämtliche gesetzlichen und auch nicht rechtlich-bindenden Formen: Arbeitssicherheit, betriebliche Sicherheit, Sicherheitsdienst, physische Sicherheit, IT-Sicherheit, Lebensmittelsicherheit, etc.

Spricht man in der Fachliteratur von „Sicherheit", dann muss zunächst dieser Begriff nähergehend differenziert werden. Eine eigene Begriffsdefinition für „Hotelsicherheit" lässt sich in der Wissenschaft nicht finden, sodass wir hier zunächst die beiden englischen Begriffe „Safety" und „Security" unabhängig einer Branchenspezifizierung betrachten müssen.

In der Corporate Security (Unternehmenssicherheit) wird zwischen diesen beiden Fachbegriffen unterschieden, die auf jeweils unterschiedliche Schutzgüter (Assets – Kapitel „Schutzziele und Schutzgüter" Seite 38) abzielen. Security wird dabei als Begriff der Abwehr von vorsätzlich von Menschen begangenen kriminellen Handlungen verstanden und bezieht die tangiblen und intangiblen Assets ein.

Safety umfasst „alle Sicherheitsaufgaben, die direkt oder indirekt mit dem Betriebsprozess [...] verbunden sind[7]" und schützt das Gut Individuum – über Schutzvorschriften – vor allem im Bereich des Arbeitsschutzes vor fahrlässigen menschlichen Verhalten und/oder technisches Versagen von Maschinen im Produktionsprozess.

Wir könnten also auch einfach sagen: kriminelles Verhalten versus Unfallschutz, auch wenn sich das nicht immer so sauber trennen lässt und in einem gegenseitigen Abhängigkeitsverhältnis tritt.

Während in anderen Arten von Wirtschaftsunternehmen zwar der jeweilige Mitarbeiter eine Verantwortung im Rahmen seiner Arbeitsleistung auferlegt bekommt (z.B. Einhaltung von Compliance-Richtlinien, Clean-Desk-Policies, etc.), sind andere Funktionen für die aktive Abwehr von Schäden am und im Unternehmern verantwortlich: Sicherheitsmanager und Sicherheitsdienst (Werkschutz).

Das ist in der Hotellerie oftmals anders: Die Aufgaben zum Schutz der definierten Assets werden auf bereits vorhandene Mitarbeiter delegiert oder es wird der Versuch unternommen, Security-Aufgaben in der Breite der Belegschaft zu organisieren. Oftmals bzw. bei erkannten Schwerpunkten kommen dann Sicherheitsdienste zum Einsatz, die aber nur selten Einfluss auf die hausinternen Prozesse nehmen.

---

[7] Sigesmund (in: Ohder (2012, B10, S. 1))

Gleichzeitig stellt sich jedoch grundsätzlich die Frage, wer zu den Verantwortlichen der Hotelsicherheit im privatrechtlichen Bereich zählt. Für den Bereich „Safety" ist es eindeutig: Alle nach der Berufsgenossenschaft geforderten und gesetzlich vorgeschriebenen Akteure, wie beispielsweise der Sicherheitsbeauftragte gemäß § 22 SGB VII oder der Leiter der Beherbergungsstätte nach der Sonderbauverordnung des Landes Berlin.

Problematisch wird es jedoch für den Aspekt der „Security", denn es gibt keine gesetzlichen Anforderungen an einen Betreiber einen Mindeststandard für „Sicherheit" zu erfüllen. Die Pflicht der unternehmerischen Risikovorsorge würde ich – auch wenn Schnittmengen existieren – eher dem Bereich „Safety" zuordnen.

Aufgrund dieser Anforderungen ist es umso nachvollziehbarer, dass es für den Securityaspekt innerhalb der Hotellerie nur eine Positionsbeschreibung gibt, die den Aspekt der Sicherheit tatsächlich enthält: Der Night Auditor oder Night Manager: „Night Auditors betreuen die Gäste beim Check-In und Check-out, stehen ihnen für Informationen zur Verfügung [...]. Sie rechnen die Tageskassen aller Abteilungen ab [...]. Und ganz nebenbei sind sie für Ordnung und Sicherheit zuständig, überwachen die Sicherheitssysteme und führen regelmäßige Rundgänge durch.[8]" Sie lesen aber ebenfalls heraus, welchem Stellenwert die „Sicherheit" auch in der Funktion hat „ganz nebenbei". Funktioniert diese Aufgabe nebenbei? Können Sie für die Sicherheit von 500 Gästen nebenbei verantwortlich sein? Darüber hinaus wird der Sicherheitsaspekt ausschließlich auf den Bereich der Nachtstunden gelegt, was zu einer trügerischen Sicherheit tagsüber führen kann.

Vielmehr muss das Hotel als ein eigenes gesellschaftliches Konstrukt angesehen werden, das eine Sicherheitsstruktur vom Housekeeping bis zum Hotelmanager und von der Nachtreinigung bis zum Concierge verlangt.

---

[8] DEHOGA FachBrief Night Auditor. http://www.hwbr.de/de/DEHOGA-Fachakademie/Alles-fur-das-grosse-Ziel-des-zufriedenen-Gastes/DEHOGA-Fachbrief-Night-Auditor.html, Stand: 29.03.2013

Es kann aber nicht abgestritten werden, dass natürlich auch Häuser klassische „Sicherheitschefs" in ihrer Struktur vorgesehen haben, vor allem dann, wenn sie bestimmten Sicherheitskriterien wie regelmäßige Veranstaltungen mit Mitgliedern der Bundesregierung sowie Klassifizierungen des Auswärtigen Amtes oder anderen ausländischen Regierungen unterliegen.

Man muss aber auch an dieser Stelle sagen: Wenn es keinen gut ausgebildeten und qualifizierten Sicherheitsmanager gibt, entspricht das nicht dem modernen Verständnis des Sicherheitsmanagers als „Berater seiner Unternehmensführung, Coach der Ressorts und Geschäftsleitungen, konzeptioneller Vordenker und Organisator der Unternehmenssicherheit[9]". Dieses Portfolio verlangt jedoch eine Funktion, die das Kernressort Sicherheit und keine fachübergreifende Bündelung von unterschiedlichen Einzelaufgaben innehat.

1.2 ROLLE UND STELLUNG IN DER SICHERHEITSARCHITEKTUR

Die Bedeutung einer Einrichtung für die Sicherheitsarchitektur der Bundesrepublik Deutschland wird entweder per Gesetz definiert oder durch Verordnungen bzw. Einstufungen. So existieren beispielsweise für die Deutsche Bahn drei zusätzliche Gesetze, die die Bedeutung, Aufgaben und Existenz im Krisen-, Notfall- oder Kriegsfall beschreiben:

- Verkehrsleistungsgesetz (VerkLG)
- Verkehrssicherstellungsgesetz (VSG)
- Gesetz über den Zivilschutz und die Katastrophenhilfe des Bundes (ZSKG)

Bahnfahren zu können ist darüber hinaus im Grundgesetz gemäß Art. 87e (4) GG verankert: „Der Bund gewährleistet, daß dem Wohl der Allgemeinheit, insbesondere den Verkehrsbedürfnissen, beim Ausbau und Erhalt des Schienennetzes der Eisenbahnen des Bundes sowie bei deren

---

[9] Washausen (in: Ohder (2012, A1, S. 9))

Verkehrsangeboten auf diesem Schienennetz, soweit diese nicht den Schienenpersonennahverkehr betreffen, Rechnung getragen wird. Das Nähere wird durch Bundesgesetz geregelt."

Die Hotellerie wird hingegen weder vom Bundesministerium des Innern, für Bau und Heimat (BMI), dem Bundesamt für Sicherheit in der Informationstechnik (BSI), noch vom Bundesamt für Bevölkerungsschutz und Katastrophenhilfe (BBK) als Kritische Infrastruktur (KRITIS) eingestuft. Als KRITIS bezeichnet man diejenigen Branchen und Sektoren, die durch ihre Dienste oder Einrichtungen sowie technischen Systemen zum Basiserhalt einer Gesellschaft beitragen.

Dazu gehören beispielsweise die Luftfahrt, medizinische Versorgungseinheiten oder auch die öffentliche Wasserversorgung – die Hotellerie mit all ihren Facetten zählt nicht dazu. Daher ergeben sich für Beherbergungsstätten keine besonderen Verpflichtungen aus dem Basisschutzkonzept und der Nationalen Strategie zum Schutz Kritischer Infrastrukturen des BMI zur Kooperation mit dem Bund, seinen Behörden und den Länder mit ihren Behörden.

Diese rechtliche Stellung der Hotellerie ist hinsichtlich der Ereignisse in den vergangenen Jahren durchaus diskutabel: Sowohl in der Migrationskrise um 2015 herum und der Corona-Pandemie wurden solche Einrichtungen – in einer weiten Auslegung – zur Aufrechterhaltung der öffentlichen Ordnung und Sicherheit durch Kommunen und Länder genutzt, um Flüchtlinge, aber auch Coronainfizierte zu separieren und unterzubringen. Hier könnte eine deutlichere gesellschaftliche Bedeutung vorliegen, als sie durch existierende Gesetze gefasst wird.

Bei der Hotellerie handelt sich somit ableitend um einen rein privatrechtlichen Bereich, der nur durch einen Grundrechtseingriff (z.B. durch Gesetze und Verordnungen) beeinträchtigt werden kann. Dies gilt für jegliches Handeln öffentlicher Behörden, somit auch für die Polizei: Bei einem Eingriff in den Schutzbereich eines Grundrechtes muss ein öffentlich-rechtlicher Auftrag für die Polizei vorliegen. Sprich: Das Betreten, Durchsuchen, Entfernen oder Umsetzen weiterer verwaltungsrechtlicher

Maßnahmen kann nur auf Basis einer rechtlichen Verfügung, Verordnung oder Gesetz erfolgen, das diesen Grundrechtseingriff rechtfertigt.

Die Eingriffsbefugnis der Polizei besteht in der Hotellerie nur auf Basis des Gefahrenabwehrrechts, der Strafverfolgung bzw. auf Grundlage von Befugnissen aus Sondergesetzen. Der Betreiber sowie alle Mitarbeiter eines Hotels können dabei ausschließlich auf Basis des Hausrechts tätig werden.

Generell kann das Hausrecht auf andere Personen übertragen werden (Nutzungsberechtigte), so zum Beispiel auf private Sicherheitsdienste von einem externen Unternehmen. Dies gilt nicht für Polizeibeamte, die im Rahmen der Gefahrenabwehr in einer Beherbergungsstätte tätig werden sollen. Dieser kleine, aber feine Unterschied wurde beispielsweise während der Coronakrise 2020 deutlich: Eindämmungsverordnungen (als Verwaltungsrecht) haben als Adressaten den individuellen Bürger bzw. die staatlichen oder kommunalen Organe des öffentlichen Rechts, übertragen jedoch keine direkte Durchsetzung durch private Dritte. Die Maskenpflicht im Supermarkt konnte daher nur konsequent durch den Supermarktbetreiber bzw. einen privaten Sicherheitsdienst durchgesetzt werden, weil dies in der Hausordnung verankert wurde.

Einfacher anhand der Straßenverkehrsordnung erklärt: Fahren Sie bei Rot über die Ampel, dann wirkt dieser Verstoß direkt Ihnen als Fahrer gegenüber und der Polizei, die dies ahnden soll. Es kann aber nicht Ihrem Beifahrer auferlegt werden, dass dieser in der Verpflichtung steht dafür zu sorgen, dass Sie nicht bei Rot fahren, noch dies durch Anzeige zu ahnden.

Tatsächlich relevant wurde diese Differenzierung beispielsweise 2002 im Hotel ADLON beim Besuch des chinesischen Staatschefs Jiang Zemin. Hier kreuzten sich privatrechtliche Befugnisse (Hausrechtsausübung durch das Hotelmanagement – u.a. §§ 903, 1004 BGB) und öffentlich-rechtliche Befugnisse (BKA-Sicherungsgruppe zum Schutz des Staatsgastes – u.a. § 5 BKA-Gesetz)[10]. Nach zwei Vorfällen, bei denen es Mitgliedern der Sekte

---

[10] Vgl. dazu auch Ramm (4/2012), S. 96 ff.

Falun-Gong gelungen war, ihren Protest in der Lobby und im Frühstücksraum des Hotels zu bekunden, „suchten nach Angaben von Augenzeugen BKA-Beamte und chinesische Sicherheitskräfte mutmaßliche Falun-Gong-Anhänger in ihren Zimmern auf und forderten sie zum Verlassen des Hotels auf.[11]" Es kann davon ausgegangen werden, dass dies einvernehmlich mit dem Management des Hotels erfolgte, da Personen die Aufforderung zum Verlassen des Hotels nach der Protestaktion im Haus ausgesprochen wurde.

Das deutsche Recht verlangt „zur Wahrung des Rechtsstaatsprinzip[12]" im Rahmen eines Grundrechtseingriffs eine Eingriffsgrundlage für jegliches staatliches Handeln. Das Hausrecht bietet jedoch „keine Ermächtigungsgrundlage [...] für hoheitliche Maßnahmen [..., da] die Gefahr einer Vermischung von hoheitlichen und privatrechtlichen Befugnissen[13]" zu groß wäre. Das Hausrecht kann somit nur subsidiär durch Platzverweise, Aufenthaltsverbote oder durch die polizeiliche Generalklausel[14] durchgesetzt werden. Nach eigenen Angaben der Sekte stellte das Verwaltungsgericht in Berlin am 26. April 2004 nach einer Feststellungsklage (VG 1 A 92/03) dar, dass das Betreten der Hotelzimmer rechtswidrig war.
Erfolgt eine Absprache zwischen der Polizei und dem Hotelmanagement, kann dies entweder zur Gefahrenabwehr/Strafverfolgung (eigenständige polizeiliche Maßnahme) oder zur Sicherung des privatrechtlichen Rechtsgutes bzw. der zivilrechtlicher Ansprüche des Hotels (eigenständige Hotelmaßnahme) stattfinden.
Vermutlich wurde hier sogar parallel Gefahrenabwehrrecht (z.B. ein Platzverweis zur Abwehr weiterer Straftaten) und bürgerliches Recht zur

---

[11] O.A.: Proteste gegen Jiang Zemin im Hotel Adlon. Aufrufbar über: http://www.tagesspiegel.de/zeitung/proteste-gegen-jiang-zemin-im-hotel-adlon/303812.html, Stand: 26.03.2013
[12] Ramm (4/2012), S. 97
[13] Ramm (4/2012), S. 97
[14] Ramm (4/2012), S. 98

langfristigen Lösung (Hausverbot bis zum Ende des Staatsbesuches) angewendet. Eine vermeintliche Übertragung des Hausrechts auf die deutschen Polizeibeamten fand nur auf den ersten Blick statt (die Rechtsproblematik hinsichtlich der ausländischen Beamten soll an dieser Stelle außen vorgelassen werden genauso wie eine Diskussion ob die Polizei zum Aussprechen eines Hausverbotes eine Privatperson auffordern kann).

Das Tätigwerden als Betreiber oder als Mitarbeiter kann ausschließlich auf Basis des sogenannten Jedermannsrecht erfolgen. Diese Rechte stehen jedem Bürger zu und grenzen sich zu den hoheitlichen Rechten dadurch ab, dass sie im Wesentlichen auf dem Notwehrrecht basieren und eine Verteidigung bzw. einen Schutz von Ansprüchen in den Vordergrundstellen. Eine Bestrafung oder Verurteilung obliegt den staatlichen Institutionen. Die wichtigsten Jedermannsrechte lauten:

1. **Notwehr/Nothilfe:** Die Verteidigung gegen einen gegenwärtigen, rechtswidrigen Angriff mit verhältnismäßigen Mitteln
2. **Festnahmerecht:** Sowohl in der Strafprozessordnung gemäß § 127 (1) StPO, als auch im § 229 BGB zu finden.

   § 127 (1) StPO fordert dabei die Erfüllung folgender Anforderungen „auf frischer Tat betroffen oder verfolgt und wenn er der Flucht verdächtig ist oder seine Identität nicht sofort festgestellt werden", während § 229 BGB zur Sicherung zivilrechtlicher Ansprüche weniger verlangt: „Wer zum Zwecke der Selbsthilfe eine Sache wegnimmt, zerstört oder beschädigt oder wer zum Zwecke der Selbsthilfe einen Verpflichteten, welcher der Flucht verdächtig ist, festnimmt oder den Widerstand des Verpflichteten gegen eine Handlung, die dieser zu dulden verpflichtet ist, beseitigt, handelt nicht widerrechtlich, wenn obrigkeitliche Hilfe nicht rechtzeitig zu erlangen ist und ohne sofortiges Eingreifen die Gefahr besteht, dass die Verwirklichung des Anspruchs vereitelt oder wesentlich erschwert werde."

3. **Notstände   (Aggressiver/Defensiver/Rechtfertigender):**
    Greift grundsätzlich bei der Abwehr von „Gefahr für Leben, Leib,
    Freiheit, Ehre, Eigentum oder ein anderes Rechtsgut"

Diese Rechte stehen Ihnen zu, wenn Sie Opfer einer Straftat werden, eine Straftat beobachten oder zivilrechtliche Ansprüche sichern wollen.

1.3 SICHERHEITSBEDÜRFNIS ALS DEFINITIONSANSATZ DER HOTELSICHERHEIT

Wenn in der Bevölkerung von Sicherheit gesprochen wird, stellt sich die Frage, woher das Sicherheitsbedürfnis abgeleitet wird und ob das Verlangen nach Sicherheit auch in Hotelbetrieben eine Rolle spielt – vornehmlich natürlich beim Gast.

Grundsätzlich lassen sich drei allgemeine Sicherheitsannahmen definieren:

Sich sicher fühlen, bedeutet nicht sicher sein.
Sicher sein, bedeutet nicht sich sicher fühlen.
Sicher sein und sicher fühlen, bedeutet Sicherheit.

Um die psychologischen Komponente der Sicherheit herzuleiten, kann auf den normativen Ansatz der Maslowschen Bedürfnispyramide zurückgegriffen werden. Maslow beschreibt darin Defizitbedürfnisse, also Grundbedürfnisse der niederen Klasse, die erfüllt sein müssen, und Wachstumsbedürfnisse, die erfüllt sein können bzw. nach denen jeder Mensch strebt, zu erleben. Für letztere müssen jedoch die Grundbedürfnisse erfüllt sein.

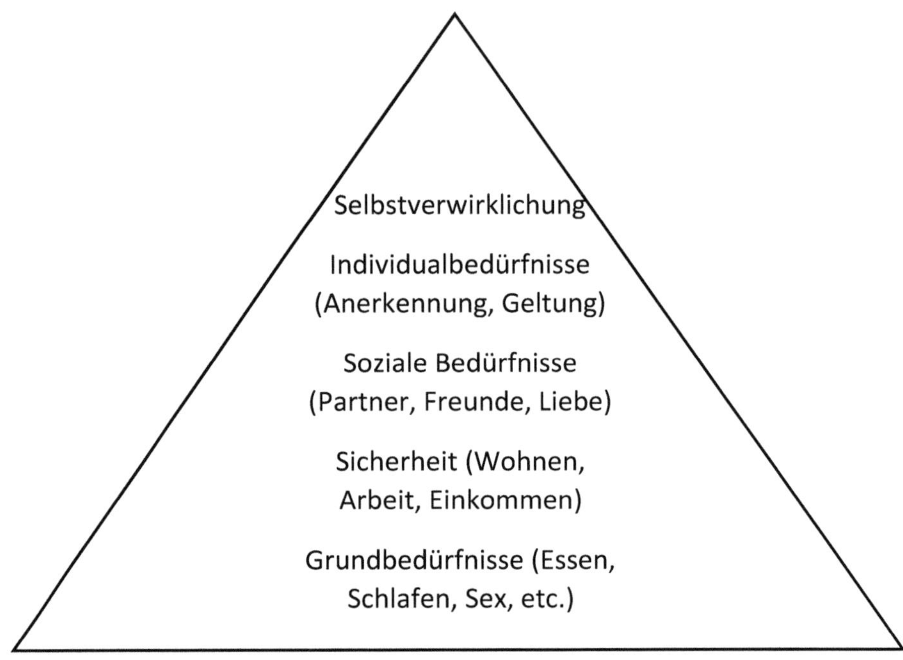

Abbildung 1 Bedürfnispyramide nach Maslow

Elementarer Aspekt dieser Theorie ist die Erfüllung der jeweils vorherigen Stufe, um eine nächsthöhere zu erreichen (Rangfolgenthese). Sind also die Bedürfnisse der Stufe eins erfüllt (u.a. Luft, Trinken, Nahrung, Schlaf, Sex), erreicht der Mensch bereits Stufe zwei: das Bedürfnis nach Schutz und Sicherheit. Das beinhaltet vor allem das Verlangen nach „eine[r] sichere[n] Umgebung, Stabilität und Schutz [...], Struktur, Ordnung, und auch nach einigen Grenzen[15]". Eine klare Trennung der Stufen kann jedoch nicht vorgenommen werden und einzelne Bedürfnisse können sich auch überlappen.

Eine Umgebung der Sicherheit in Stufe zwei erzielt der Mensch klassischerweise in dem eigenen, sich geschaffenen Sozialraum und dabei

---

[15] Bertehl et al. (2007, S. 22)

besonders in den eigenen vier Wänden. Ist er jedoch gezwungen diese zu verlassen (z.B., wenn er auf Reisen geht), dann muss sich an dem neuen Ort die gesamte Bedürfnispyramide erneut aufbauen. Die sich zu Hause erarbeiteten Stufen der Bedürfnispyramide sind nicht auf neue Orte übertragbar, auch wenn wir manchmal diesen Eindruck haben. Stellen Sie sich vor, Sie verbringen das verlängerte Wochenende bei Ihren Eltern oder bei einem guten Bekannten - hier werden Sie die Stufensprünge wohl kaum merken. Begleiten Sie jedoch jemanden, den Sie nachts um 2 Uhr in einer Bar kennengelernt haben in seine oder ihre Wohnung, dann werden Sie vermutlich sehr deutlich spüren, dass sie sich sehr weit unten in der Pyramide befinden – ausgedrückt als ungutes Gefühl oder im Nachhinein als „blöde Idee" bezeichnet.

Nach Maslow hat ein Bedürfnis „nur so lange verhaltensbestimmende Kraft, wie es nicht (vollständig) befriedigt ist.[16]" Das bedeutet konkret für unseren Bereich, dass ein Gast stets nach dem Erreichen der subjektiven Sicherheit vor Ort strebt und weitere Bedürfnisse nicht erreichen kann, wenn diese primäre Basis nicht geschaffen wurde. Allein aus Marketinggründen hat ein Hotelbetreiber somit ein Interesse daran, dass jeder Gast die höchstmögliche Stufe innerhalb des Maslowschen Bedürfnispyramide erreicht. Denn ein Gast, der sich sicher fühlt, dessen soziale Bedürfnisse erfüllt werden und der sich selbst in Teilen verwirklichen kann, kommt wieder bzw. empfiehlt zumindest das Hotel an Kollegen, Freunde und Familie weiter.

Das sachliche Verlangen nach objektiver Sicherheit tritt somit erst einmal in den Hintergrund, sodass die Frage nach dem „sich sicher fühlen" elementar für jeden einzelnen Gast wird. Der im allgemeinen Sprachgebrauch genutzte Begriff der Sicherheit lässt sich für den Laien somit zunächst auf das subjektive Sicherheitsgefühl der jeweiligen Zielgruppe herunterbrechen.

Letztendlich überträgt der Hotelgast die Verantwortung für seine Sicherheit beim Check-In an das Personal, das dafür zu sorgen hat, dass die subjektive

---

[16] Bertehl et al. (2007, S. 21)

Sicherheit durch Beeinflussung von außen nicht beeinträchtig wird. 2009 veröffentlichte das Internetportal holidaycheck.com eine Umfrage, in der 2289 User gefragt wurden „Worauf achten Sie bei der Sicherheit im Hotel vor allem?" Das Ergebnis bestätigte die vorherigen Ausführungen: 40% der Befragten gaben an, dass sie immer davon ausgingen, dass alles „okay" sei[17] (Vertrauen und Verantwortung). Das Bedürfnis nach Sicherheit der Bürger ist dessen ungeachtet beständig hoch. Die Gesellschaft für Konsum-, Markt- und Absatzforschung e. V. führt in regelmäßigen Abständen Befragungen zur Bedeutung und zum Wandel von Werten durch. In der Befragung von 2017 belegte die Vorgabe „Die Bedeutung von Sicherheit wird wichtiger" zum wiederholten Mal den Spitzenplatz: 83 % Befragten gaben an, dass der Wert „Sicherheit" immer wichtiger wird. Gegenüber der vorherigen Befragung ist die Zustimmung noch einmal um 7% gestiegen. Dabei gibt es kaum einen Unterschied zwischen den Generationen: 14-24-jährige (67 %) haben dabei fast dasselbe Sicherheitsbedürfnis wie die 65-jährigen und älter (76 %).[18]

Dies gewinnt vor allem bei der Betrachtung der Altersstruktur von Urlaubsgästen in Deutschland an Bedeutung. In einer Erhebung der deutschlandweiten Gästebefragung im Rahmen des „Qualitätsmonitors Deutschland-Tourismus" für das Jahr 2018/2019 betrug der Altersdurchschnitt der in Deutschland Urlaub machenden Personen 42,7 % aus.[19] Weitergeführt gaben 280 Sicherheitsverantwortliche in der WIK-Sicherheits-Enquête 2012/2013 (II) als Platz neun der Top-10 der wichtigsten „Schutzaufgaben in der betrieblichen Sicherheit" die „Sicherheit

---

[17] http://www.tophotel.de/data/media/10/10340_Umfrage_Hotelsicherheit___holidaycheck_de.jpg, Stand: 24.01.2012

[18] https://www.nim.org/compact/fokusthemen/werte-wunsch-nach-sicherheit-waechst-weiter, Stand: 15.08.2020

[19] https://www.dwif.de/news/item/marktforschung-gaestebefragung-qualitaetsmonitor-infografik-2019.html#:~:text=G%C3%A4stestruktur%3A%20Urlaubsg%C3%A4ste%20sind%20im%20Schnitt,Schnitt%2042%2C7%20Jahre%20alt., Stand: 15.08.2020

bei Reisen" an, wozu auch die Übernachtungen in Hotels zählen.[20] Also nicht nur subjektiv, auch objektiv und von den Unternehmen gefordert ist die Erwartung an geeignete Sicherheitsmaßnahmen sehr hoch.

Meine These, die ich auch bereits im Vorwort aufgestellt habe, könnte aus der Praxis jedoch lauten, dass wir beim Thema Sicherheit in der Hotellerie noch immer einen Gap zwischen der Annahme des Gastes und der Realität haben.

Eine Erwartung könnte darüber hinaus sein, dass in den gängigen Hotelklassifizierungen Hinweise und Einflussfaktoren der Sicherheit auf die Qualität der erbrachten Hoteldienstleistung zu finden sind. Die Deutsche Hotelklassifizierung stellt auf Ihrer Homepage den Kriterienkatalog für die Klassifizierung zur Verfügung[21]. Dabei werden die Aspekte:

- Allgemeine Hotelinformationen
- Rezeption und Services
- Zimmer
- Gastronomie
- Veranstaltungsbereich
- Freizeit
- Qualitäts- und Online-Aktivitäten

bewertet.

Auch gegenüber Vorgängerversionen des Katalogs lassen sich auch für die aktuellen fünf Jahre nur drei Sicherheitsaspekte finden, deren Erfüllung jedoch ausschließlich aus der Perspektive von Serviceaspekten betrachtet wird.

In der Kategorie Hotelinformation lassen sich mit Nr. 1 „Sauberkeit" und Nr. 3 „Gesamteindruck" zwei Grundanforderungen der kriminologischen

---

[20] Consulting, Sicherheitsmanager von Großunternehmen, Kleinunternehmen WIK-Sicherheits-Enquête 2012/13 (II), S. 10

[21] Kriterienkatalog 2020 – 2025: https://www.hotelstars.eu/fileadmin/Dateien/GERMANY/Downloads/Kriterienka talog/Kriterienkatalog_2020-2025.pdf, Stand: 28.07.2020

„Broken-Window-Theory" finden: Dort, wo Unordnung existiert, kann keine Ordnung entstehen. Der Verfall ist der Nährboden für Kriminalität, denn nach außen wird der Eindruck suggeriert, dass sich keiner um das Objekt oder den Stadtteil kümmert und dieses/dieser damit verwahrlost.

Indirekt lässt sich diese Argumentation auch auf den Aspekt Nr. 4 „kompetente Mitarbeiter" übertragen – das Sicherheitsbedürfnis zu erfüllen und das adäquate Reagieren in unerwarteten Situation (z.B. Brandalarm, Einbruch in Hotelzimmer und anderen Sicherheitsproblemen) kann nur durch gut geschultes Personal erbracht werden.

Auch die Digitalisierung hat glücklicherweise Einzug in die Hotellerie gefunden, sodass wir uns die Besetzung des Empfangs auch einmal näher anschauen müssen. Für alle Branchen gilt, dass die Anwesenheit von Personal Straftaten verhindert, da die Tatmöglichkeit oftmals genommen oder die Tatentdeckung erhöht wird. Dabei ist der aufmerksame Einzelhändler, der einen suspekten Kunden anspricht, genauso wichtig wie die Rezeptionskraft, die eine Person in der Lobby anspricht, die dort bereits seit drei Stunden sitzt. Oder die Person nach ihrer Schlüsselkarte fragt, welche offensichtlich nicht zum Haus gehört. Für das Sicherheitsbedürfnis ist auch ein persönlicher Ansprechpartner von elementarer Bedeutung. In diesem Zusammenhang ist die Möglichkeit der 24 Stunden „digitale Kommunikation oder Telefon[erreichbarkeit]" (Nr. 22 bis 25) besser als nichts. Zur Prävention von Straftaten und zur Erhöhung des subjektiven Sicherheitsgefühls ist aber ausschließlich eine 24/7 Besetzung der Rezeption unerlässlich.

Als technische Ausstattung lässt sich noch der Türspion (Nr. 144) und Depotmöglichkeiten bzw. der Zimmersafe (Nr. 112 bis 115) erwähnen, wobei vor allem letzterer eher auf das subjektive als auf das objektive Sicherheitsgefühl einwirkt. Dazu werde ich jedoch auch noch im weiteren Buch detaillierter eingehen.

Alle anderen Kriterien leiten den Komfort und das Wohlfühlen beispielsweise über die Größe des Bettes, des Medienempfangs, Services und weiteren

Angeboten ab. Sicherheit ist aber grundsätzlich keine relevante Größe in der Bewertung.

Das führt meines Erachtens zu einem nicht unerheblichen Problem: Die Sicherheitsvorstellungen des Gastes und die Erfüllung der Maslowschen Bedürfnispyramide werden nur rudimentär angesprochen und ein Versuch angestellt, diese durch andere Aspekte zu erreichen. Der Gesamteindruck und Komfort beeinflusst selbstverständlich das Schutzempfinden. Wenn jedoch Tag und Nacht sämtliche Türen offenstehen, an der Hotelbar offensichtliche oder verdeckte Prostitution toleriert wird und man als Gast in den öffentlichen Toiletten mit Drogenabhängige beim Spritzen von Heroin konfrontiert ist, dann kann der zweisprachige Serviceleitfaden (Nr. 136), die Audio-/Multimedia-Unterhaltung (Nr. 122) und die Schuhputzutensilien auf Wunsch (Nr. 51) nicht von einer sicheren (Wohlfühl-)Umgebung überzeugen.

Wissenschaftliche Studien haben auch ergeben, dass männliche sowie weibliche Gäste ein unterschiedliches Schutzbedürfnis haben. Brandes[22] belegte in ihren Untersuchungen, dass sich Männer und Frauen, bezogen auf die subjektive Sicherheit im Hotel, deutlich unterscheiden. Dabei konnte sie festhalten, dass sich Männer wenig bis gar nicht mit der der Abwesenheit von Bedrohungen und Gefahren beschäftigen: „Die Business-Männer kommen gar nicht auf die Idee, dass sich die Frage nach Unsicherheitsgefühlen überhaupt auf das Hotel beziehen könne.[23]"
Frauen stellen dabei das Gegenteil dar und „sind besorgter um ihre eigene Sicherheit[24]". Brandes führt weiter aus, dass vor allem sichtbare personelle und organisatorische Maßnahmen relevant sind, technische Aspekte eher weniger.

---

[22] Brandes (2010)
[23] Brandes (2010), S. 90. Brandes merkt jedoch an, dass sich das „starke Geschlecht" ungern als Angsthase darstellt, sodass diese Aussagen in der pauschal vorliegenden Antwort skeptisch zu betrachten sind
[24] Brandes (2010), S. 28

Deshalb müssen ihre Bedürfnisse nachfolgend als Mindeststandard der Sicherheitskonzeption angesehen werden. Ein jeder Gast hat sich wohlzufühlen, sodass vor allem die Erfüllung geäußerter Bedürfnisse im Vordergrund stehen muss.

2.0 RISIKO- UND SICHERHEITSKONZEPTION

Wenn wir von Risiko- und Sicherheitskonzepten sprechen, dann müssen wir uns auch stets nach der Historie von Ereignissen und Entwicklungen fragen. Oftmals entstehen unerwartet neue Risiken, auf die es keine funktionierenden Antworten gibt. Die „Coronakrise" war ein solches Beispiel gewesen, das auch belegte, dass existierende Lösungen nicht greifen können. Doch wo kommt die Hotelsicherheit eigentlich her und womit lässt sie sich ggf. vergleichen? Die nachfolgende Grafik soll dies darstellen:

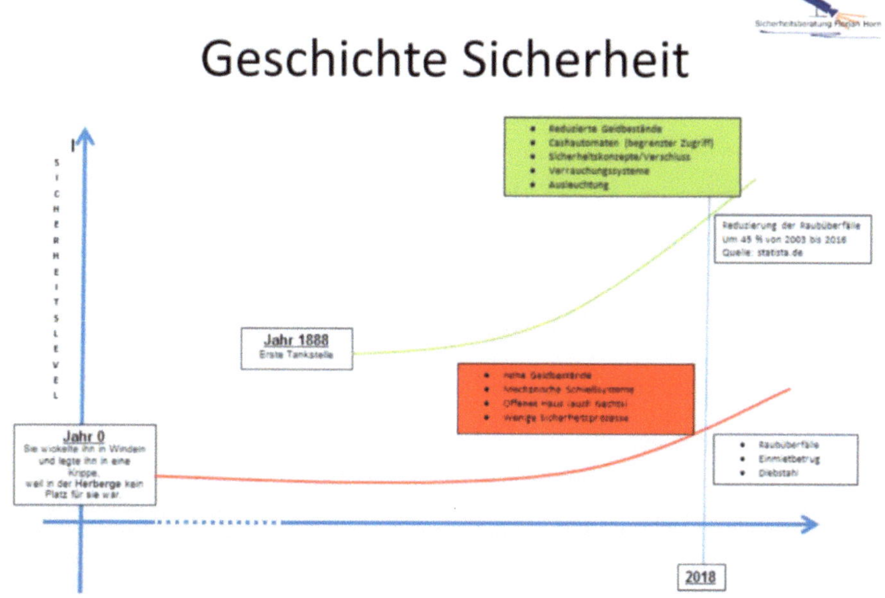

Abbildung 2 "Geschichte der Hotelsicherheit"

Beherbergungsbetriebe und ihre wichtige Rolle finden wir bereits in der Bibel, während die erste Tankstelle erst 1888 eröffnet wurde. Beide Gewerbe sind von der Tatsache geprägt, dass sie eine Dienstleistung für Fremde erbringen, Geldbeträge vorhanden sind und eine aktive Interaktion zwischen Personal und Gast/Kunde stattfinden muss. Beide Einrichtungen haben das Risiko: Raubüberfall. Nun haben es jedoch Tankstellen geschafft die Anzahl der Raubüberfälle von 2003 bis 2016 durch gezielte Maßnahmen zu reduzieren, da man Vikitmisierungsparameter identifizierte, den Schutz der Mitarbeiter drastisch erhöhte und damit die Tatbegehung unattraktiv gestaltete. Provokant gefragt: Was hat sich in den letzten Jahrzehnten in der Hotellerie verändert? Automatisierung des Bargeldverkehrs? Höhere Schutzstandards für Mitarbeiter? Sie werden es am besten wissen.

2.1 MYTHOS HOTELSICHERHEIT?

Für die Erstellung von Sicherheitskonzepten ist es von erheblicher Bedeutung, dass Bewertungen und Entscheidungen auf Basis von Daten und Fakten getroffen werden. Wie schwierig das manchmal ist, können Sie für sich mit der nachfolgenden Frage beantworten:
An welchen Ort waren sie vor und nach dem 11. September 2001 sicherer: Im Flugzeug oder im Hotel? Und die objektive Antwort ist simpel: im Flugzeug.
Wir haben nach den Ereignissen um 09/11 erhebliche Sicherheitsmaßnahmen in der Luftsicherheit implementiert, die spürbar für jeden Fluggast waren. Ein psychologischer Effekt tritt hier ein, der zusammengefasst wie folgt lauten könnte: Dort, wo die Sicherheitsmaßnahmen extrem angehoben werden, müssen auch die Risiken oder die bereits eingetretenen Ereignisse erheblich größer und schwerwiegender gewesen sein.
International sind jedoch Beherbergungsbetriebe stärker im Fokus des Terrorismus als Flugzeuge und Flughäfen. Wenn wir bei dem magischen Jahr 2001 bleiben, dann wurden 8 Jahre zuvor 30 Hotels in 15 Staaten und danach 62 Hotels in 20 Staaten durch Terroristen angegriffen. Erinnert man sich an die letzten großen terroristischen Anschläge (hier eine Auswahl), kann diese Zahl nachvollzogen werden:

- 2019: 29 Tote bei Anschlag in Somalia
- 2019: mindestens 6 Tote bei einer Anschlagsserie u.a. auf 3 Hotels in Sri Lanka Ostersonntag

- 2015: 37 Tote bei Anschlag auf TUI-Hotel in Tunesien
- 2008: 174 Tote bei Anschlagsserie in Mumbai – inkl. 2 Hotels

Denen hier dargestellten Faktoren begegnen wir immer wieder. Wir fühlen anders als wir es fühlen müssten und lassen uns durch eine auf unseren Alltag immer mehr Einfluss nehmende Medienpräsenz in unseren Denkwesen verändern.

Es ist ein dickes Brett: Erklären Sie jemanden mit Flugangst, dass die Fahrt zum Flughafen objektiv gefährlicher ist, als die drei Stunden in der Luft.

Wir müssen uns bewusst sein, dass wir uns gegebenenfalls selbst manipulieren und durch eigene Erlebnisse und Erfahrungen an der falschen Stelle Maßnahmen implementieren. Deshalb gelten folgende Grundsätze:

- Alle Einflussparameter kennen und bewerten.
- Eigene Erfahrungen, Erlebnisse und Meinungen ausblenden.
- Erst objektive Sicherheit dann subjektive Sicherheit herstellen.

2.2 STRUKTUR EINES SICHERHEITSKONZEPTS

Bevor in eine Detailbetrachtung gegangen werden kann, müssen wir uns mit der Struktur eines Sicherheitskonzeptes beschäftigen. Dieses gliedert sich im Wesentlichen in folgende Aspekte:

- Lage- bzw. Risikodarstellung, Problem, Veränderungen gegenüber dem SOLL-Zustand
- Bewertung der Risiken
- Darstellung von technischen, personellen und organisatorischen Sicherheitsmaßnahmen (inkl. Kosten)
- Abwägung von Maßnahmen
- Lösungsfindung

Der auslösende Aspekt für ein Sicherheitskonzept ist in der Regel eine Veränderung der IST-Situation: Ein neues Problem, ein erkanntes Risiko oder eine Veränderung (z.B. Neubau von Standorten) können hier exemplarisch genannt werden. Diese müssen ausführlich, aber sachlich (ohne Wertung) beschrieben werden.

Daraus lassen sich konkrete Risiken ableiten, die zunächst dargestellt und dann bewertet werden müssen. In einem weiteren Schritt werden mögliche Maßnahmen formuliert (auch vorerst ohne Bewertung), die in einem weiteren Schritt mit dem Ziel der Lösungsfindung abgewogen werden. Sehen Sie grundsätzlich auch die Option, dass Sie gegebenenfalls keine Maßnahmen einleiten müssen, weil Sie in einer Risikobewertung zu dem Ergebnis kommen, dass das Risiko Maßnahmen nicht rechtfertigt.

In einer beispielhaften Kurzdarstellung könnte ein Sicherheitskonzept wie folgt aussehen:

In dem Hotel Müllerstraße 4 in Berlin kommt es seit dem 01.07.2020 zu Diebstählen aus Hotelzimmer. Bisher haben sich 30 Gäste gemeldet, denen vor allem elektronische Gegenstände wie Handys und Laptops in einem Gesamtwert von 30.000 € abhandengekommen sind. Nach ersten Erkenntnissen müssen die unbekannten Täter vor allem in den Tagstunden zwischen 10 Uhr und 18 Uhr zuschlagen.

Aus diesem Sachverhalt ergeben sich folgende Risiken:

- *Sachschäden durch Diebstahl*
- *Reputationsschäden*

Vor allem letzteres Risiko muss als hoch und kritisch eingeschätzt werden, die ersten Gäste haben negative Bewertungen mit Detailbeschreibungen zur mangelnden Sicherheit in mehreren Portalen abgegeben.

Als Maßnahmen kommen vor allem folgende Aspekte in Betracht:

1. *Enge Zusammenarbeit mit der Polizei – ggf. Anregung von verdeckten Maßnahmen durch das LKA (Kosten: 0€)*
2. *Ausbau der Videoüberwachung auch auf den Hotelfluren (Kostenindikation: 80.000 €)*

3. *Einsatz eines Sicherheitsdienstes zur regelmäßigen Bestreifung der Etagen und deutliche Präsenz in den Schwerpunktzeiten (Kostenindikation für 4 Wochen/2 Sicherheitskräfte: 13.000 €)*
Da es sich hier um ein zeitkritisches und akutes Problem handelt, werden vor allem die Maßnahmen 1 und 3 präferiert. Maßnahme 2 könnte erst mit einem zeitlichen Vorlauf von mindestens 7 Wochen realisiert werden – zudem erscheinen die Kosten für einen zukünftigen Mehrwert sehr hoch.
Der Einsatz eines Sicherheitsdienstleisters könnte innerhalb von 48 Stunden realisiert werden, die Aspekte der Prävention (Abschreckung von Tätern) und Repression (Stellung von Tätern) wären erfüllt.
Durch Abwägung der zuvor genannten Maßnahmen entscheidet sich die Hotelleitung für Maßnahme 1 und 3. Die Wirkung dieser wird durch gemeinsame Gespräche mit der Polizei, dem Hotel und einem Vertreter des Sicherheitsdienstes 3 Wochen nach Beauftragung evaluiert. Ebenso werden die Fallzahlen und ein ggf. angepasstes Täterverhalten durch die Leiterin der Rezeption täglich ausgewertet und an die Hotelleitung reported.

Dokumentieren Sie den Entscheidungsprozess, sofern Sie es nicht selbst verantwortet haben. Sollte ein Ereignis eintreffen, werden sich zumindest Staatsanwaltschaft und Versicherung dafür interessieren, wieso hier gehandelt wurde, wie es am Ende geschehen ist.

2.3 RISIKEN VON BEHERBERGUNGSSTÄTTEN

Die vorherigen Ausführungen haben gezeigt, dass fachlich fundierte Kenntnisse der Hotelsicherheit in der Theorie nur bedingt zu finden und anzuwenden sind. Deshalb ist es notwendig elementare Assets zu definieren und spezielle Prozesse aus Sicht des Sicherheitsmanagements näher zu betrachten. Mir ist es jedoch wichtig zu betonen, dass die nachfolgenden Ausführungen keine Individualrisikoanalyse ersetzen.

Risiken können grundsätzlich aus unterschiedlichen Quellen erkannt werden (Risikoerkennung):

- Technische Risiken (aus dem Betrieb)
- Naturrisiken (Überschwemmungen, Stürme)
- Soziale Risiken (Streik, Personalausfall)
- Politische Risiken
- Geschäftsrisiken (kaufmännischer Bereich)
- Verstöße gegen Gesetze und Richtlinien (Compliance)
- Kriminalität (Straftaten jeglicher Couleur)

Eine Risikobewertung kann aus dem Produkt von Eintrittswahrscheinlichkeit und Schadenshöhe erfolgen. Oftmals werden Eintrittswahrscheinlichkeiten und Schadenshöhen Werte zugewiesen: 1 – gering, 2 – mittel, 3 – hoch. Aus dieser mathematischen Betrachtung leitet sich oftmals eine Risikomatrix ab, die Sie möglicherweise schon einmal gesehen haben (Abbildung 3). Die Farbe Rot beschreibt Risiken, denen mit einer sofortigen Maßnahme begegnet werden muss (hohe Kritikalität), Risiken mit mittleren Auswirkungen erscheinen in der gelben Kategorie und Grün beschreibt unkritische Risiken.

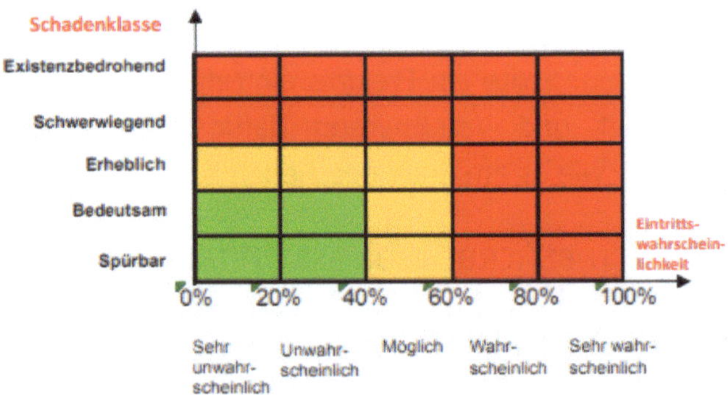

Abbildung 3 Risikomatrix nach VdS 2333 : 2014-09 (04a) (S. 10)

Ich bin kein Freund des mathematischen und matrixbasierten Ansatz: Nehmen wir das Beispiel „Einbruch", Sie bewerten die

Eintrittswahrscheinlichkeit mit 2 und Schadenshöhe von 1. Das Produkt (Risiko) ist 2 – was machen Sie mit diesem „mittleren" Ergebnis?

Die Risikomatrix ist ein sinnvolles Tool für eine erste Risikoeinschätzung, sie sollte jedoch nicht als maßgebliches Werkzeug gelten. Denn dieses System ist starr und verfügt über Tücken. Nehmen Sie den sehr unwahrscheinlichen Fall eines Ufo-Absturzes über einem Atomkraftwerk (existenzbedrohendes Ereignis). Die Einstufung über die Risikomatrix in Rot, würde verlangen, dass Sie nun Maßnahmen ergreifen – welche denn?

Ich empfehle Ihnen grundsätzlich Risiken und Auswirkungen im Prosatext auszuformulieren, damit umgehen Sie auch zuvor genannte Herausforderungen, sondern stellen diese auch in einen direkten Kontext.

2.3.1 SPEZIFISCHE TATBEGEHUNGEN UND DEREN WIRKUNGSWEISEN

Ein Beherbergungsbetrieb versteht sich in seinem täglichen Geschäftsablauf als offenes Haus. Der Gastkomfort darf nicht durch ständige Kontrolle oder durch eine sichtbare Überwachung eingeschränkt werden. Hinzu kommt, dass durch weitere, umfangreiche Personenbewegungen (Lieferanten, Gäste, Besucher von Gästen, etc.) ein genauer Überblick nicht gewährleistet werden kann. Ebenso gibt es organisatorische Aspekte, die ein Sicherheitsrisiko darstellen können. Diese Anonymität kann auch für strafbare Handlungen ausgenutzt werden. Wie unterschiedlich diese spezifischen Bedrohungen sein können, sollen ein paar Beispiele belegen:

- **Diebstahlserie in Berlin**: Die Täter betraten während des regulären Hotelbetriebes tagsüber das Hotel und fielen zunächst unter den Personenbewegungen am Tage nicht auf. Nach Ablöse der Spätschicht betraten sie meist das oberste Stockwerk und riefen von dort aus die nun mehr nur mit einer Person besetzten Rezeption an. Die Täter meldeten einen medizinischen Notfall, sodass der Mitarbeiter mit der Notfalltasche die Rezeption verließ und nach oben eilte. Währenddessen nutzten die Verbrecher das zweite Fluchttreppenhaus, brachen an der Rezeption die Kasse auf und verließen unbemerkt das Hotel.

- **Raubüberfall durch Einschleichen**: Einer der Straftäter klingelte nachts an der Tür des vorschriftsmäßig verschlossenen Hotels und fragte nach einer Übernachtungsmöglichkeit über die Gegensprechanlage. Der Rezeptionist ließ die Person herein und erklärte die Modalitäten, woraufhin die Person bat schon einmal alles vorzubereiten, er werde solange seine Taschen aus dem Auto holen. Als der Täter daraufhin ein weiteres Mal klingelte öffnete der Mitarbeiter die Tür. Der Täter und ein weiterer Komplize betraten daraufhin das Haus mit vorgehaltener Waffe und zwangen den Night Auditor zur Herausgabe der Kasse.
- **Bedrohungssituation durch Mitnahmeeffekt**: Ich, zu diesem Zeitpunkt noch operativ tätig, lasse mir nach dem Klingeln an der Tür Name und Zimmernummer geben und gleiche diese mit dem System ab. Nach dem Öffnen der automatischen Glastür, betreten im Mitnahmeeffekt drei weitere Personen das Hotel. Es kommt zu Bedrohungen und Nötigungen.
- **Überbucht und dann kommen die Hells-Angels**: Das Überbuchen von Hotels ist ein klassischer „Trick" um die No-Show-Rate so gering wie möglich zu halten. 2010 übernahm ich im Nachtdienst ein Haus, das restlos ausgebucht war. Angekündigt hatte sich jedoch eine Reisegruppe von Hells-Angels-Mitgliedern, denen ich dann erklären durfte, dass sie heute Nacht nicht in diesem Haus schlafen werden.
- **Falsche/ungedeckte Kreditkarte und abgereist (Einmietbetrug)**
- **Wechselgeldbetrug**: Eine Kollegin wurde durch den einen Täter indirekt sowie durch den anderen und seinen ständigen Wechselwünsche so stark abgelenkt, dass am Ende des Tages 200 € in der Kasse fehlten.

Für die Risikobetrachtung ist es notwendig spezifische Tatbegehungen und deren Wirkungsweise zu betrachten sowie deren Einfluss auf einen monetären oder nicht-monetären Schaden zu analysieren. Dabei sollen primär von durch Menschen ausgehende Tatmuster betrachtet werden:

- Einmietbetrug
- Raubüberfall
- Unterschlupf von Straftätern
- Einschleichen
- Einbruch
- Bedrohungen (menschliche Auslöser)
- Aktionen gegen politische und unternehmerische Veranstaltungen
- Terrorismus/Amoklauf
- Sonstige Innentäter

Dabei kann es von zentraler Bedeutung sein, dass zwischen gewaltorientierten und gewaltlosen Verbrechen unterschieden wird:

Angriffe	**Erläuterungen**

Gewaltdelikte	• Körperliche Angriffe
	    o Alle Formen der KV
	• Psychische Angriffe
	    o Nötigungen
	    o Beleidigungen
	    o Bedrohungen
	• Spezielle Verbrechen/Vergehen
	    o Raubüberfall
	    o Räuberische Erpressung
	    o Räuberischer Diebstahl

Gewaltlose Verbrechen/ Vergehen[25]	<ul><li>Diebstahl aus Hotelzimmer</li><li>Betrug (Einmietbetrug, Kredit- und EC-Kartenbetrug)</li><li>Einbruch</li><li>Datenabschöpfung (direkt, Attacken)</li><li>Reputationsschädigung</li></ul>

Die Tabelle zeigt dabei ganz deutlich, dass es jedoch auch Verbrechen gibt, die einen doppelten Bedrohungseinfluss auf das Schutzobjekt haben. Ein Raubüberfall ist beispielsweise auf der einen Seite ein gewaltbereiter Einfluss (Bedrohung durch Gewalt) und ein physischer Eingriff in den Schutzbereich „Wertgegenstände".

Ihnen soll hiermit ans Herz gelegt werden, dass Schutzziele nicht immer abgrenzbar und gegebenenfalls auch nicht prioritär zu betrachten sind. Thema Raubüberfall: Das primäre Schutzgut ist an dieser Stelle das Leben und die körperliche und geistige Unversehrtheit des betroffenen Mitarbeiters, aber auch die aller Mitarbeiter. Stellen Sie sich einmal vor, Sie erfahren bei Schichtübernahme, dass ihr Kollege in der vorangegangenen Schicht überfallen und mit einer Waffe bedroht wurde. Das hat auch einen Einfluss auf Sie als nicht direkt betroffener Mitarbeiter.

2.4 SCHUTZZIELE UND SCHUTZGÜTER

Assets im Sicherheitsmanagementprozess beschreiben individuelle Schutzobjekte oder Schutzgüter, die Personen, Prozesse, Gebäude, Informationen und weitere, das Schutzobjekt betreffende individuelle Schutzziele umfassen können. Diese Schutzgüter werden im Wesentlichen hinsichtlich ihrer Kritikalität und Vulnerabilität bewertet.

Kritikalität beschreibt das einschneidende Ausmaß durch Beeinträchtigung der Kernprozesse, die ein Angriff auf das Schutzgut haben könnte. Zum

---

[25] Nach Horn (2013)

Beispiel hat die Verfügbarkeit von Betten (Vermietung als Kernprozess) eine höhere Kritikalität als die Verfügbarkeit von Broschüren und Stadtplänen.

Die **Vulnerabilität** beschreibt dabei die Verletzlichkeit des Schutzgutes unter Berücksichtigung bereits getroffener Sicherheitsmaßnahmen und der Eintrittswahrscheinlichkeit von definierten Szenarien: Ihre datenverarbeitenden Systeme sind auf dem aktuellen Stand der Technik sowie sämtlicher IT-Sicherheitsvorgaben? Dann wird hier die Vulnerabilität geringer sein, als ein Hotel, das seine Eingangstür selbst in den nächtlichen Stunden geöffnet hat.

Beide Aspekte zusammen ergeben das Risiko und müssen dabei ganzheitlich betrachtet werden. Denn das Risiko eines Assets kann Auswirkungen auf weitere Prozesse haben. Ein Beispiel: Ihr Hotel bevorzugt die bargeldlose Bezahlung und Ihre Gäste zahlen auch überwiegend mit EC- oder Kreditkarten. Nach einem IT-Vorfall ist das elektronische Bezahlsystem ausgefallen, Sie müssen auf Bargeld zurückgreifen. Jetzt haben Sie bereits für sich im Vorfeld bewertet, dass das Risiko für dieses Szenario gering ist, denn neben der bargeldlosen Zahlung vor Ort gibt es weitere Alternativen – das Schadensausmaß ist folglich ebenfalls gering. Haben Sie jedoch den Einfluss auf andere Assets geprüft? Wenn Sie vermehrt Bargeld einnehmen, benötigen Sie die entsprechenden Aufbewahrungsmöglichkeiten wie z.B. Tresore, aber auch eine kürzere Taktung der Bargeldabholung oder -verbringung, ggf. eine Anpassung ihrer Versicherung, weil Sie die versicherten Bargeldbeträge bei Weitem überschreiten.

Beim letzten großen Streik der Geld- und Werttransporte 2019 wurden im Einzelhandel Sicherheitsdienste beauftragt, da die Geldbestände in den Ladengeschäften die Versicherungssummen der Einzelhändler erheblich überschritten. Und das grundsätzliche Risiko von Raubüberfällen steigt ebenfalls. Betrachten Sie also in ihrer Sicherheitskonzeption die Risiken ganzheitlich.

Die nachstehende Tabelle versucht einen Überblick über grundlegende und vergleichbare Komponenten zu geben, die individuell an das jeweilige Hotel angepasst werden müssen.

Schutzziel	Zugehörige Komponenten
Personen	<ul><li>Mitarbeiter</li><li>Gäste</li><li>Dritte (Externe, Lieferanten, Besucher, Handwerker)</li></ul>
Geschäftsprozesse	<ul><li>Zimmervermietung</li><li>Service (Zimmerreinigung, Hotelreinigung, Bar, Roomservice, Tagungsangebote)</li><li>Hotelspeisen (Frühstück, Halb- und Vollpension, Barangebot, Roomservice)</li><li>Allgemeine Prozessabläufe (Bestellungen, Mitarbeiterrekrutierung, Lieferantenkoordinierung, Erstellung Forecasts)</li></ul>
Gebäude (-anlagen & –komplexe)	<ul><li>Hotelkomplex<ul><li>Außenanlagen (Grünanlagen, Pool, Terrassen)</li><li>Tiefgarage, Parkplatz</li><li>SPA- und Fitnessräume</li><li>Front- und Backoffice/Büro</li><li>Gasträume (Frühstücksraum, Bar, Restaurant, Toiletten, Kofferraum)</li><li>Mitarbeiterbereiche (Küche, Pausenraum)</li></ul></li><li>Elektrische Ausstattung (Klimaanlage, Aufzug, Fluchtwege)</li></ul>
Informationen/ Daten	<ul><li>Gästeinformationen<ul><li>Abgereiste</li><li>Anreisende</li><li>Angereiste</li><li>Hilfebedürftige</li></ul></li><li>Lieferanteninformationen</li><li>Mitarbeiterinformationen</li><li>Verträge (Lieferanten, Dienstleister, Reservierungsportale)</li></ul>
Sonstige Assets	<ul><li>Einhaltung rechtlicher Vorgaben</li></ul>

	• Gesundheits- und Hygieneschutz (HACCP) • Einhaltung von Zertifizierungsstandards (DEHOGA, ISO, DIN)
Reputation	• Online Reputation (Bewertungsportale) • Vertragspartner (Reiseveranstalter, Tagungsgäste)

Aus den Schutzobjekten können dann in der Folge Schutzziele abgeleitet werden, die sich ein Beherbergungsbetrieb jedoch selbst auferlegen muss. Einige grundsätzliche Formulierungen könnten aber wie folgt lauten:

- Schutz von Leib, Leben und Gesundheit (physische und psychische Unversehrtheit)
- Schutz der Gebäudeinfrastruktur
- Schutz der Reputation
- Ausfallsicherheit von Kernprozessen
- Sonstige spezifische Schutzziele, die gegebenenfalls im Zusammenhang mit Qualitätsmanagement-Zielen stehen

Dabei ist die Prüfung der Auswirkung aus der Verletzung eines Schutzziels auf alle Schutzgüter zu prüfen. Vergessen Sie beispielsweise bei den Aspekten der Gewaltprävention Ihre eigenen Mitarbeiter, dann sind möglicherweise Ihre Gäste geschützt (und Sie erfüllen auch einen Teilaspekt des Reputationsschutzes), aber möglicherweise Ihre Mitarbeiter nicht. Diese Risikolücke kann bei Ausfall dieser nach einem Angriff zu Auswirkungen auf Ihre Kernprozesse (z.B. Besetzung der Rezeption) führen.

Diese Betrachtungen verlangen jedoch nicht, dass sie abschließend jedem identifizierten Risiko eine Sicherheitsmaßnahme hinterlegen, was uns an dieser Stelle zu einer Definition von Sicherheit führt:

Sicherheit ist die Freiheit von nicht akzeptablen, aber identifizierten Risiken[26].

---

[26] In Anlehnung an DIN EN ISO 14971

Diese Erläuterung verlang zwar von Ihnen, dass Sie Risiken identifizieren, eine Risikostrategie ermöglicht es Ihnen jedoch auch Risiken zu akzeptieren. In der Fachliteratur lassen sich dabei fünf Strategieansätze finden, die anhand des Beispiels von gewaltbereiten Übergriffen an der Hotelbar auf Personale erläutert werden:

- **Risikovermeidung** (z.B. kein Ausschank von Alkohol)
- **Risikoverminderung** (z.B. Begrenzung des Alkoholausschankes an der Bar je Gast)
- **Risikobegrenzung** (z.B. Beauftragung eines Sicherheitsdienstes, der Mitarbeiter in ihrem Dienst begleitet)
- **Risikoabwälzung** (z.B. die Bar wird baulich abgegrenzt und das Geschäft an Dritte outgesourct)
- **Risikoakzeptanz** (alles bleibt, wie es ist)

2.5 BUSINESS-CONTINUITY- UND NOTFALLMANAGEMENT

Das Kerngeschäft eines Hoteliers und seiner Beschäftigten besteht nicht in der Erstellung von Sicherheitskonzepten und Notfallplanungen (Business Continuity Management[27]). Und doch driftet die momentane Sicherheitsdiskussion in die Forderung zur Abwehr der Bedrohung von Terroranschlägen durch Private bzw. privatwirtschaftliche Unternehmen ab. Das Umsetzen dieser Maßnahmen wird dabei politisch und wirtschaftlich gesehen.

---

[27] Klassisch definiert sich Business Continuity Management (BCM) „in der Betriebswirtschaftslehre [als] die Entwicklung von Strategien, Plänen und Handlungen, um Tätigkeiten oder Prozesse – deren Unterbrechung der Organisation ernsthafte Schäden oder vernichtende Verluste zufügen würden (etwa Betriebsstörungen) – zu schützen bzw. alternative Abläufe zu ermöglichen" (Quelle: https://de.wikipedia.org/wiki/Betriebliches_Kontinuit%C3%A4tsmanagement, Stand: 28.09.2020). Hier gibt es noch einmal grundsätzliche Unterscheidungen zum Notfallmanagement, im Kern ähneln sich die Prozesse, weshalb in diesem Kapitel vom Notfallmanagement gesprochen werden soll.

Ist diese Diskussion jedoch sinnvoll? Der Autor meint „Nein", denn ein Großteil der kleinen oder mittelständischen Hotels ist davon gar nicht betroffen. Allgemein fehlen jedoch organisatorische Voraussetzungen, um sicherheitsrelevante Vorkommnisse zu bewältigen.

Diese Meinung wird inzwischen auch von der Rechtsprechung akzeptiert: So gab es beispielsweise in Berlin ein Verwaltungsgerichtsurteil im Sinne eines Weihnachtsmarktbetreibers, der die vom Bezirksamt auferlegten Sicherheitsmaßnahmen nicht zahlen wollten (konnte). Das Gericht hielt fest, dass es hoheitliche Aufgabe sei, abstrakte, äußere Gefahren von Privatpersonen abzuwenden und die Mitwirkungspflicht dieser nur begrenzt ist.

Nichtsdestotrotz ist das innerbetriebliche Notfallmanagement eine nicht zu vernachlässigende Komponente: So stellt sich die oft unbeantwortete Frage, welche Maßnahmen eingeleitet werden müssen, wenn morgens ein Gast leblos im Bett vorgefunden wird? Müssen nur Maßnahmen zum Reputationsschutz der Einrichtung implementiert werden oder müssen auch die Mitarbeiter betreut werden? Grundsätzliche und nicht abwegige Fragen, für deren Beantwortung im Ernstfall keine Zeit mehr bleibt.

Notfälle beschreiben grundsätzlich sicherheitsrelevante Ereignisse mit einem konkreten Auslöser, die mit den am Standort vorhandenen Ressourcen innerhalb der Organisation bewältigt werden. Es kann daher mit der Aufbauorganisation (also der vorhandenen Struktur und deren Mitgliedern z.B. Manager, FO-Manager, Sicherheitsmanager und Fachkräften) des Hotels gearbeitet werden. Beim Notfallmanagement geht es, im Gegensatz zum oft verwechselten Krisenmanagement, grundsätzlich um die Abarbeitung vorhandener Maßnahmenpläne, ohne, dass unternehmensrelevante Entscheidungen mit Weitblick getroffen werden müssen.

Das Krisenmanagement eines Unternehmens greift immer dann, wenn die wirtschaftlichen, betrieblichen, personalen Grundfesten in Frage gestellt werden und die Existenz des Hotels gefährdet ist.

Die Abarbeitung – vor allem bei Publikumsverkehr – muss schnell und effektiv erfolgen. Folgende klassische Aspekte zählen exemplarisch zum Notfallmanagement, da Sie zwar einen Schaden hervorrufen, der aber nicht die Existenz des Unternehmens bedroht:

- Verstorbener Gast im Hotelzimmer (Selbstmord oder natürlicher Tod)
- Gewaltakte gegenüber Gästen oder Angestellten
- Raubüberfall
- Wassereinbrüche mit einigen wenigen unbewohnbaren Zimmern
- Lieferengpässe bei Zulieferern (z.B. aufgrund von Streiks)
- Ausfall elektronischer Systeme

Die jetzt gemachten Erfahrungen mit der Corona-Pandemie können je nach Grad der behördlichen Einschränkungen entweder einen Notfall (Pandemieplan) oder einen Krisenfall (z.B. Übernachtungsverbote und Hotelschließungen) darstellen. Aber auch alltägliche Aspekte wie beispielsweise Schließungen von Hotelbetrieben auf Basis rechtlicher Anordnungen z.B. aufgrund Lebensmittelvergiftungen oder Legionellen-Ausbruch mit negativer Berichterstattung, können bereits das Krisenmanagement betreffen.

Aus Sicht von Hotelbetreibern ist Notfallmanagement auch ein Thema des Arbeitsschutzes. Aufgrund einschlägiger Rechtsvorschriften wie § 618 BGB zur Pflicht von Schutzmaßnahmen und davon abgeleitet §§ 5 ff. Arbeitsschutzgesetz, ist der Arbeitgeber verpflichtet Schutzmaßnahmen auf Basis von Risikoanalysen zu implementieren. Diese Vorschrift soll bewirken, dass den beschäftigten Personen „bei erheblicher Gefahr für die eigene Sicherheit oder die Sicherheit anderer Personen [... geeignete] Maßnahmen zur Gefahrenabwehr oder Schadensbegrenzung" (§ 9 Absatz 2 ArbSchG) zur Verfügung stehen. Notfallmanagement stellt so eine Schadensbegrenzung dar, da den Mitarbeitern Handlungsleitfäden zur Schadensbegrenzung in die Hand gegeben werden. Basis bleibt dabei das klassische Risikomanagement und eine Analyse von Risikofaktoren, die immer hotelspezifisch sind.

Gutes Notfallmanagement ist auch Teil eines notwendigen Gesundheitsmanagements, da die Langzeitfolgen von möglichen traumatischen Ereignissen, mit denen Mitarbeiter z.B. bei Raubüberfällen oder Todesfällen konfrontiert sind, verringert werden können. Neben den Angeboten der Berufsgenossenschaft kann aber auch eine schnelle Intervention notwendig werden. Ebenso greifen berufsgenossenschaftliche Maßnahmen nicht bei Gästen, die Zeugen von psychisch belastenden Ereignissen werden. Um hier keinen weiteren Reputationsverlust zu erhalten, muss die Betreuung sofort und eigenständig durch das Haus organisiert, erfolgen.

Folgende Empfehlungen können daher grundsätzlich ausgesprochen werden:

- Organisieren und kennen Sie Ihre Betriebsabläufe. Legen Sie konkrete Meldelinien und Entscheidungsketten fest: Wer darf wann, was entscheiden und wer muss ab welchem Schwellenwert wie informiert werden? Tagsüber mag zu den Bürozeiten ein entscheidungsberechtigter Vertreter vor Ort sein, wie sieht es aber beispielsweise im Nachtdienst oder an Feiertagen aus? Die Position der Rezeption ist oftmals mit Einzelarbeitsplätzen besetzt und nicht mit den Kompetenzen ausgestattet, die eine Auftragsauslösung (z.B. zur Beseitigung von Schäden) vorsehen. Besonders zu beachten ist das, wenn der Nachtdienst durch externe Firmen besetzt wird.
- Schaffen Sie Redundanzen und verlassen Sie sich nicht ausschließlich auf elektronische Systeme. Diese sind im Allgemeinen in Hotelbetrieben nicht ausfallsicher strukturiert. Drucken Sie beispielsweise mindestens einmal je Schichtbeginn eine aktuelle guest-in-house-Liste aus und vermerken Sie darauf schwerbehinderte Gäste oder Personen, die im Fall einer Evakuierung Hilfe benötigen (auch Kinder) – das kann Leben retten und die Arbeit der Rettungsdienste und Feuerwehren vereinfachen.

- Ordnen Sie die analysierten Risiken oder Ereignisse, die eintreten können, bestimmten threat levels (Bedrohungslevel) zu. So können Sie Priorisierungen festlegen und den Ereignisstufen schon Maßnahmen zuordnen.

  Bedrohungslevel besitzen auch den Vorteil, dass mit ihnen eine Eskalation dargestellt werden kann, beispielsweise dann, wenn ein Notfall nicht sofort zu beheben ist und die Gefahr droht, dass die Auswirkungen schlimmer werden.

- „Networken" Sie! Das heißt suchen Sie sich in Ihrer Umgebung Partner und deren Nottelefonrufnummern, die Ihre Probleme schnell, zuverlässig und kompetent lösen können. Das bedeutet nicht nur die oft gepriesene und wirklich notwendige Zusammenarbeit mit der zuständigen Polizeiwache. Darüber hinaus müssen Sie Kontakte, vertragliche Grundlagen und Preise zu Klempner-Notdiensten, Bestattungsinstituten, Schlüsseldiensten, Software-Firmen und Lieferanten von Lebensmitteln suchen. Diese Aufzählung ist exemplarisch und richtet sich nach den Risiken, die erkannt wurden.

- Empfehlenswert ist auf jeden Fall auch die Verbindung zu einem privaten Sicherheitsdienst. Die heutige Vertragssituation macht es möglich, dass sogenannte Abrufverträge geschlossen werden können. Somit können kurzfristig Dienstleistungen als Reaktionen auf Notfälle bestellt werden. (mehr Informationen im Kapitel: „Personelle Sicherheitsdienstleistungen" auf Seite 73)

- Der wichtigste Aspekt lautet notfallpsychologische Seelsorge. Sorgen Sie dafür, dass Ihre Mitarbeiter im Bedarfsfall umgehend Unterstützung und Betreuung erhalten. Suchen Sie sich auch hier kompetente Ansprechpartner, die kurzfristig mit Fachpersonal intervenieren können.

Für Ihre eigene Notfallplanung sollten Sie sich, sofern das notwendige Fachwissen im Betrieb selbst nicht vorhanden ist, externe Unterstützung suchen. Holen Sie sich dabei mehrere Angebote ein und lassen Sie sich angegebene Qualifikationen der Berater durch Zeugnisse und Zertifikate nachweisen. Abschließend sei angemerkt: Auch wenn die Kosten für die Konzeptionierung zunächst recht hoch erscheinen, so sind die Kosten final immer noch geringer, als wenn ein Notfall durch unfachmännische Bearbeitung zu hohen Langzeitkosten führt.

2.6 GELTENDE REGELUNGEN UND SICHERHEITSVORGABEN

Im ersten Kapitel (siehe „Corporate Security in Beherbergungseinrichtungen" Seite 13) habe ich ausgeführt, dass es keine Vorschriften für die Implementierung von Sicherheitsorganisationen und -strukturen gibt. Dies ist auch weiterhin richtig, unabhängig davon gibt es für einzelne Teilgebiete allgemeine, technische und arbeitsschutztechnische Vorschriften. Diese benennen den Arbeitgeber oder Betriebsleiter als verantwortliche Person (vor allem im Arbeitsschutz), verlangen jedoch keinen strukturellen Aufbau bzw. Organisation.

2.6.1 ARBEITSSICHERHEITSINFORMATION 9.02

Die zuvor betrachteten Grundaspekte der Risikostrategie (siehe „Risiken von Beherbergungsstätten" Seite 33) haben gezeigt, dass es unterschiedliche Beeinflussungen gibt, die durch äußere Einflüsse hervorgerufen werden können.
Eine professionelle Sicherheitsarchitektur hat das Ziel spezifische Risiken aus der Anonymität zu holen und diese mit dem gastfreundlichen Grundgedanken eines offenen Hauses solcher Betriebe zu verknüpfen.
Die Berufsgenossenschaft Nahrungsmittel und Gastgewerbe (BGN) hat eine Arbeitssicherheitsinformation (ASI) 9.02 mit dem Titel „Gewalt- und Extremereignisse am Arbeitsplatz" veröffentlicht.
Diese ASI betrachtet dabei vier Risiken:
- Raubüberfälle im Betrieb
- Gewalt am Arbeitsplatz durch Übergriffe von Kunden

- Überfälle auf dem Arbeitsweg
- Zeugen von Unfällen und Extremereignissen

und es zeigt sich bereits jetzt die fließenden Übergänge von Safety- und Security-Themen.

Die BGN empfiehlt bei der Implementierung von Sicherheitsmaßnahmen vor allem technische und bauliche Aspekte, da „die Wirksamkeit der technischen und baulichen Maßnahmen [...] die größte Reichweite haben.[28]" Verhaltensbezogene Maßnahmen haben nach den organisatorischen Aspekten die geringste Reichweite. Als bauliche Maßnahmen sieht die BGN primär vor allem Beleuchtungs- und Grünschnittaspekte sowie eine entsprechende Verkehrsanbindungen und ein positives Gesamterscheinungsbild. Darüber hinaus gibt es Empfehlungen aus dem Einbruchsschutz hinsichtlich der technischen Sicherung von Türen und Fenster.

Dennoch werden organisatorische Aspekte wie der Umgang mit Zahlungsmitteln, Ansprechpartnern für Notfälle und richtiges Verhalten während eines Überfalls beschrieben.

Für die weiteren Risiken wie beispielsweise die Gewalt gegen eigenes Personal werden Risikofaktoren genannt, die eine Auswirkung auf das Phänomen haben können:

- Verhalten durch Mitarbeiter (z.B. durch ungemessenes Verhalten)
- Verhalten durch den Gast (z.B. Frustration, Alkoholisierung, unbedingte Durchsetzung von Forderungen)
- Kommunikationsprobleme
- Organisatorische Aspekte (z.B. Einzelarbeitsplatz, Wartezeiten, Mangel im Service)
- Technische Aspekte (z.B. Zugriff auf Mittel, die als Waffe eingesetzt werden können, fehlende technische Systeme)

---

[28] ASI 9.02, S. 6

Hier hat der Unternehmer selbst eine Bewertung durchzuführen und daraus Maßnahmen abzuleiten. Als Anlage werden hilfreiche Verhaltensregelungen und Checklisten aufgeführt, die sofort einsatzbereit sind.

Die zuvor gezeigten Maßnahmen müssen vor einer Bewertung zunächst in einen Kontext gestellt werden: Das Ziel und die Aufgabe einer Berufsgenossenschaft ist die Reduzierung und die Prävention von Arbeitsunfällen, Berufskrankheiten und Gesundheitsgefahren nach § 15 SGB VII (Safety-Aspekte). Vermischen sich nun klassische Security-Themen wie Raubüberfälle mit dem Arbeitsschutz, dann kann es in der Arbeitssicherheit nur bei der Identifikation von Gefährdungen beispielsweise im Rahmen einer Gefährdungsbeurteilung bleiben, denen durch klassische Maßnahmen des Arbeits- und Gesundheitsschutzes rudimentär begegnet wird. Als Verantwortlicher müssen Sie an dieser Stelle verstehen, dass Sie hier an die Grenzen der Tätigkeit einer Berufsgenossenschaft kommen. Denn der Einfluss von strafbaren Verhalten auf Ihren Betrieb müssen in der Sicherheitskonzeption betrachten. Natürlich hat dies umgekehrt wieder einen Einfluss auf den Arbeits- und Gesundheitsschutz Ihrer Mitarbeiter.

In der ASI 9.02 wird davon ausgegangen, dass Täter Nebeneingänge, Fenster oder andere Zugangsmöglichkeiten nutzen, um an Wertgegenstände an der Rezeption zu gelangen. Ein „vorausschauender" Täter wird diese Zugänge nur selten nutzen, vielmehr wird er über einfachere Wege (zum Beispiel eine offene Eingangstür) und unter Ausnutzung von offensichtlichen Sicherheitslücken seine Tat ausführen.

In dieser Form der Konzeption fehlt eine additive Betrachtung der Umsetzung aller Maßnahmen. Ziel einer jeglichen Sicherheitskonzeption muss das Ineinandergreifen sämtlicher technischer, personeller und organisatorischer Maßnahmen sein. Was bringt Ihnen eine Videoüberwachung, wenn der Einsatz ausschließlich zur Dokumentation von Straftaten und zur Repression (hier: Strafverfolgung) genutzt werden kann? Was bring Ihnen eine Zugangstür nach den höchsten Anforderungen an den Einbruchschutz, wenn organisatorisch nicht geklärt ist, wann und von wem

diese zu verschließen ist. Was bringt Ihnen ein Sicherheitsmitarbeiter, der jedoch nicht in einem organisatorisch-baulichen Rahmen agiert?
Wie dieses Ineinandergreifen funktionieren kann, werden wir uns in den kommenden Kapiteln anschauen.

2.6.2 VDS-VORSCHRIFTEN

Der Verband der Sachversicherer (VdS) veröffentlicht Richtlinien – sogenannte VdS-Richtlinien - die vor allem Komponenten und Einrichtungen zur Schadensverhütung beschreiben und Anforderungen an die Zuverlässigkeit, Widerstandsfähigkeit und Funktionsweisen definieren. Zusätzlich werden Produkte und Systeme, Errichter, aber auch Sicherheitsdienste und Unternehmensprozesse zertifiziert, die zu einer Verhütung oder Reduzierung von Sach-, Gebäude- und Personenschäden beitragen.
In dem Betriebsartenverzeichnis (VdS 2559-1 : 2015-03 (05)) lässt sich für sämtliche Gewerbeformen eine Sicherungsklasse (SG) ableiten. Die Sicherungsklasse wird in der VdS 2333 : 2014-09 (04a) durch Sicherheitsempfehlungen und bauliche Anforderungen z.B. an Wände, Fußböden, Türen, Fenster, Umgang mit Bargeld und Überwachung von Einbruchmelde- und Videoüberwachungstechnik beschrieben. Sicherungsklassen stehen dabei – vor allem technischen Komponenten und Anforderungen gegenüber, die sogenannten VdS-Klassen und dienen dabei einer groben Einteilung und Kategorisierung nach VdS 2311:

- **VdS-Klasse A:** einfacher Schutz mit mittlerer Ansprechempfindlichkeit von Meldern
- **VdS-Klasse B:** mittlerer Schutz mit mittlerer Ansprechempfindlichkeit von Meldern
- **VdS-Klasse C:** erhöhtem Schutz mit erhöhter Ansprechempfindlichkeit von Meldern und Überwachung von sicherheitsrelevanten Funktionen (höchste Kategorie)

Die VdS-Klasse A lässt sich beispielsweise ausschließlich im privaten Bereich zur Verhinderung von sogenannten Haushaltsrisiken finden. Die zweite Klasse (VdS-Klasse B) ist schon der höchste Schutz zur Sicherung von privaten Liegenschaften und die unterste Anforderung (für die Sicherungsgruppen 1 und 2) im gewerblichen Bereich. VdS-Klasse C ist dann bereits ab den Sicherungsgruppen 3 bis 6 zu erfüllen. Sie müssen an dieser Stelle gar nicht konkret nachvollziehen können, welche technischen Bedingungen erfüllt werden müssen, um eine Einbruchmeldeanlage der Klasse C herzustellen. Es ist jedoch wichtig, dass sie die in der Vorschrift angenommenen Risiken der nachfolgenden Sicherungsklassen verstehen und einordnen können.

Beherbergungseinrichtungen werden in dem Betriebsartenverzeichnis interessanterweise ähnlich wie in der im Vorwort genannten Definition von Beherbergungseinrichtungen differenziert:

Betriebsart	Sicherungsklasse
Appartementhotel (ohne Restaurant)	1
Bahnhofshotel (mit Restaurant)	2
Bahnhofshotel (ohne Restaurant)	1
Hotel (mit Restaurant)	2
Hotel Garni	1
Stundenhotel	* (Anfrage beim Versicherer)
Ferienwohnungsanlage (vermietet, entgeltlich genutzt)	1
Beherbergungsbetrieb (mit Restaurant)	2
Beherbergungsbetrieb (ohne Restaurant)	1
Gasthof (mit Beherbergung)	2

Sicherungsklassen 1 und 2 verlangen einen mittleren Schutz gegen Überwindungsversuche (Perimeterschutz) und stellen damit die niedrigste

Kategorie dar. Natürlich hat die Sicherungsklasse zunächst einen Einfluss auf die technischen Komponenten wie zum Beispiel Einbruchmeldeanlagen. Die VdS 2333 – trotz des technischen Ansatzes - verlangt ein ganzheitliches Schutzkonzept, welches nur durch organisatorisch unterstützende Maßnahmen erreicht werden kann. Risikomanagement wird darüber hinaus als Managementprozess entsprechend des PDCA-Zyklus (Plan, Do, Check, Act) beschrieben: Managemententscheidung – Risiken erkennen – Risiken bewerten – Maßnahmen – Ergebnisnachweis –> Managemententscheidung, ...

Hierzu gibt es weitere Norm- und Rechtsvorschriften (z.B. ISO 31000, Aktiengesetz (AktG)), auf die in dem Kontext Hotellerie jedoch nicht weiter eingegangen werden muss.

3.0 TECHNISCHES SICHERHEITSKONZEPT

Der Einsatz technischer Komponenten gehört zu einem der wesentlichsten Aspekte und Argumente für die Sicherheitskonzeptionierung. Neben den klassischen Einrichtungen wie Einbruchmelde- (EMA), Überfallmelde- (ÜMA), Brandmelde- (BMA) und Gefahrenmeldeanlagen (GMA) gehört auch die Videoüberwachung zu dem Blumenstrauß des technischen Portfolios.

3.1 STRATEGISCHER ANSATZ „SICHERHEITSPRODUKTION"

Bei der „Produktion von Sicherheit" müssen wir vor der Implementierung von Maßnahmen immer gedanklich einen Schritt zurückgehen und uns drei strategische Fragen stellen:

- Sollen Straftaten verhindert werden? (Prävention)
- Sollen Straftaten verfolgt werden? (Repression)
- Sollen Straftaten detektiert und das Schadensausmaß möglichst geringhalten werden?

Die Wahl der Mittel steht dabei in einem Abhängigkeitsverhältnis zu dem strategischen Ansatz. Stellen Sie sich vor, Sie betreiben ein Hotel, das über die Wintermonate geschlossen hat und Sie möchten für dieses Objekt Sicherheit produzieren. Sie haben in einer Risikoanalyse festgestellt, dass das Schutzziel „Unversehrtheit des Eigentums" erreicht werden muss. Als Angriffsszenario sehen Sie Einbrüche und damit verbundenen Vandalismus und Diebstahl von Wertgegenständen.

Wir werden nun die drei Fragestellungen durchgehen und damit exemplarisch aufzeigen, wie sich Maßnahmen verändern.

<u>Prävention</u>

Stellen Sie sich bei diesem Schutzziel das Ziel der Verhinderung eines Einbruchs, dann darfs es gar nicht einmal zu diesem kommen. Ein potenzieller Täter muss aufgrund eines möglichen Entdeckungsrisikos so abgeschreckt werden, dass er eine Tatvollendung nicht gegeben oder das

Tatziel als nicht zu erreichen sieht. Das können Sie beispielsweise durch personelle und organisatorische Maßnahmen erreichen:

- Permanente Präsenz von Personalen im Innen- und Außenbereich
- Hellausgeleuchteter Eingangsbereich
- Geöffnete und deutlich sichtbare Kassenschubladen und Tresore („hier gibt es nichts zu holen!")
- Aber auch hohe Zäune, Stacheldraht, Unterkriech- und Übersteigschutz, schwere Türen, etc.[29]

Repression

Bei der Repression würden Sie den Schwerpunkt einer Täteridentifizierung als Basis für die Strafverfolgung setzen. Hier kämen beispielsweise hochauflösende Kameras und/oder künstliche DNA zum Markieren von Wertgegenständen. Die Verhinderung eines Einbruchs steht dabei nicht im Vordergrund, die Täterstellung jedoch schon.

Detektion und Intervention

Jeder Schutzmechanismus, ob Tür, Schloss oder Fensterglas hat einen Widerstandszeitwert. Dieser beschreibt die Zeit, die eine Täter benötigt, um die mechanische Sicherung zu überwinden. Der kann wie beispielsweise bei einer Tür aus Papier gleich Null sein, er kann aber auch bei einer Tür der Widerstandsklasse RC6 bei mindestens 20 min liegen.

Um an Wertgegenstände zu gelangen, müssen Täter oftmals mehrere bauliche oder mechanische Schutzmechanismen überwinden: Beginnend mit dem Zaun, gefolgt von der Zugangstür, der Bürotür und dem Wertschrank.

Ebenso gibt es eine Interventionszeit, beispielsweise von der Polizei oder einem privaten Sicherheitsdienst. Diese setzt sich aus Alarmierung (Detektion), Einleitung von Maßnahmen und Anfahrt an das Objekt

---

[29] Hierbei muss im individuellen Fall natürlich auch geprüft werden, welcher Tätertypus abgeschreckt werden soll. Manche könnten sich durch solche Maßnahmen auch herausgefordert fühlen („Täterehre").

zusammen und sollte dabei größer sein, als der Widerstandszeitwert (Zielstellung: Täter soll am Objekt gestellt werden). Bei einer Intervention durch einen privaten Sicherheitsdienstleister liegt diese Zeit gemäß VdS-Vorgaben bei 20 min.

Das Ziel muss folglich sein, dass die Widerstandszeit (also die Zeit, die der Täter benötigt um sein Tatziel zu erfüllen) größer als die Interventionszeit ist, damit er vor Ort noch gestellt und zur Rechenschaft gezogen wird. Deshalb ist die frühestmögliche Detektion des Einbruchs in Verbindung mit der am längsten möglichen Rückhaltung des Täters bis zum Eintreffen des Interventionsdienstes der Fokus dieses Ansatzes.

Sie sehen aber bereits bei diesen Ausführungen, dass sich die Maßnahmen – natürlich verbunden mit den daraus entstehenden Kosten – erheblich in Abhängigkeit der Zielstellung unterscheiden. Selbstverständlich gibt es auch hier berechtigte Überschneidungen und die Vermischung von einzelnen Zielen (z.B. Detektion und Repression). Aber auch das muss ein willentliches Ziel und kein Zufall sein.

3.1.1 SICHERHEITSPRODUKTION AM ANSATZ DER VIDEOÜBERWACHUNG

Nicht nur die BGN, auch die allgemeine gesellschaftliche und politische Diskussion bietet als einzige optimale Lösung von Sicherheitsproblemen jederzeit die Videoüberwachung an. Kameras und der Technikeinsatz als Ersatz personeller Dienstleitungen scheint in der allgemeinen öffentlichen Sicherheitsdebatte aktuell das „Allheilmittel" zu sein:

- **Wiesbaden**: „Sie sollen für mehr Sicherheit in der Stadt sorgen und Kriminelle vor einer möglichen Straftat abschrecken - Gemeinsam mit Hessens Innenminister Peter Beuth nimmt Wiesbadens Bürgermeister Oliver Franz heute 17 neue Videoschutzanlagen im Stadtgebiet in Betrieb.[30]"

---

[30]

https://www.ffh.de/nachrichten/hessen/mittelhessen/toController/Topic/toActi

- **Deutschland**: „Mit einer Ausweitung der Videoüberwachung soll nach dem Willen der Bundesregierung das Sicherheitsniveau in Deutschland gestärkt werden.[31]"
- **Deutschland**: „Nach mehreren verstörenden Gewaltverbrechen und Attentaten im vergangenen Jahr reagieren Bund und Länder mit einer Ausweitung der Videoüberwachung. Nicht nur öffentliche Plätze sollen verstärkt überwacht werden, sondern auch private Einkaufszentren, Fußballstadien oder Parkplätze.[32]"
- **Mannheim**: „Die Kommune startet eine Videoüberwachungs-Aktion mit dem Einsatz intelligenter Software. Im Endausbau soll es rund 70 Kameras an 30 neuralgischen Standorten geben. Ein Pilotprojekt. Die Stadt hofft auf einen Rückgang der Kriminalität.[33]"

Videoüberwachung ist als Teil des präventiven Sicherheitskonzeptes „ein Ansatz der situationsbezogenen Kriminalprävention.[34]" Dabei sollen „Abschreckung, effiziente Strafverfolgung durch verbesserte Beweislage und Förderung der Selbstkontrolle potentieller Täter [...][35]" erreicht werden. Demzufolge wird als einzelne tiefergehende technische Analyse exemplarisch die Wirksamkeit der Ausweitung von Videoüberwachung im privatrechtlichen Bereich als kriminalpräventive Maßnahme betrachtet.

Mit der Zunahme der Videoüberwachung im öffentlichen Raum, existieren glücklicherweise auch immer mehr Wirksamkeitsstudien. Eine davon ist die

---

on/show/told/248362/toTopic/hessen-weitet-video-ueberwachung-weiter-aus.html, Stand: 07.09.2020

[31] https://www.bundestag.de/dokumente/textarchiv/2017/kw04-de-bundespolizei-489468, Stand: 07.09.2020

[32] https://www.deutschlandfunk.de/ausbau-der-videoueberwachung-tatsaechlich-mehr-sicherheit.1771.de.html?dram:article_id=386805, Stand: 07.09.2020

[33] https://www.demo-online.de/artikel/mannheim-videoueberwachung-mehr-sicherheit, Stand: 07.09.2020

[34] Lösle (2004) in: Lösel et al. (2005, S. 1)

[35] Ebd. S. 1

Studie der „Stiftung Deutsches Forum für Kriminalprävention" von 2005[36]. Hierbei wurden insgesamt 22 Studien ausgewertet, mit dem Ergebnis einer durchschnittlichen Reduzierung der Gesamtkriminalität um 21%. Dabei muss der Erfolg aber streng nach Kontextbereichen selektiert werden: Konnte in Stadtzentren und Wohngebieten kein signifikanter Effekt festgestellt werden, wurde bei der Videoüberwachung in Parkhäusern (in Verbindung mit weiteren Präventionsmaßnahmen wie Beleuchtung und Sicherheitspersonal) vor allem Diebstähle aus Kfz um 44% reduziert.

Diese Studie kommt jedoch schlussendlich zu einem wesentlichen Ergebnis: „Dieser [(geringe Effekt)] war statistisch nicht bedeutsam. Videoüberwachung scheint demnach nicht für die Vorbeugung von Gewaltdelikten auszureichen.[37]"

Diese Erkenntnisse werden nicht nur von einer aktuellen Studie der TU Chemnitz (Videotechnik ist nur im Kontext von personellen, baulichen sowie bürgerschaftlichen Maßnahmen wirksam: „Ein Attentäter lässt sich nicht von Kameras abhalten"[38]), sondern auch von einer weiteren Studie aus Hamburg unterstützt. Die nachfolgende Analyse umfasst eine detaillierte Betrachtung des Zeitraumes April 2006 bis März 2009[39]:

Der Hamburger Kiez „Reeperbahn" gilt vor allem für die Straftaten „Betäubungsmittel-, Körperverletzungs-, Raub- und Sexualdelikte,

---

[36] Alle weiteren Ausführungen: https://publikationen.uni-tuebingen.de/xmlui/bitstream/handle/10900/86933/2005_wirksamkeit_videoueberwachung.pdf?sequence=1&isAllowed=y, Stand: 30.07.2020

[37] Ebd., S. 4

[38] https://www.freiepresse.de/LOKALES/CHEMNITZ/Mehr-Sicherheit-durch-Kameras-Was-Wissenschaftler-dazu-sagen-artikel10212103.php?cvdkurzlink=x, Stand: 07.09.2020

[39] Auch alle weitere Ausführungen in diesem Zusammenhang: Mitteilung des Senats an die Bürgerschaft: Unterrichtung der Bürgerschaft über die Videoüberwachung der Reeperbahn (Wirksamkeitsanalyse). Drucksache 19/6679, abzurufen über: https://bezirksfraktion.cdubergedorf.de/fileadmin/Dateien/fraktion/Drucksachen/20/20-1113.01_Anlage_Bue-Drs_19-6679_Videoueberwachung_Wirksamkeitsanalyse.pdf, Stand: 30.07.2020

Bedrohungen, Nötigungen und Sachbeschädigungen, Freiheitsberaubungen sowie Straftaten gegen das Leben[40]" als Nährboden kriminellen Handelns. Diese Straftaten sind solche, die in der Hotellerie – je nach Lage, Art und Klientel - ebenfalls vorkommen können. Sie können nicht statistisch und damit wissenschaftlich nachgewiesen werden, aber alle Beherbergungseinrichtungen, gleich welcher Kategorie und spiegeln mit ihren Gästen und Personal auch einen Querschnitt der Bevölkerung mit all seinen Problemen wieder.

Verbunden mit der Implementierung an der Reeperbahn waren die Erwartungen an eine präventive „Abschreckung potenziellen Täter[41]" sowie Früherkennung und Reduzierung von Straftaten und Eskalationen und verbesserte Strafverfolgungsmöglichkeiten.

Indikatoren bei der Wirksamkeitsanalyse waren die Fallzahlen für die zu betrachtenden Verbrechen in dem zu untersuchenden Zeitraum. Hierbei konnten unterschiedliche Tendenzen ausgemacht werden: In der gesamtheitlichen Betrachtung gab es von April 2005 bis März 2009 eine Zunahme von 32% aller Straftaten im videoüberwachten Bereich. Vor allem bei der einfachen/fahrlässigen Körperverletzung (Anstieg um 75,1%) und der gefährlichen/schweren Körperverletzung (Anstieg um 31,3%) konnten herausragende Anstiege festgestellt werden. Interessanterweise entwickelten sich die Fallzahlen im nicht-videoüberwachten Kontrollbereich nur um 11,6%.

Die Studie liefert einen eindeutigen Grund für dieses spannende Ergebnis und die Wirksamkeit von Videoüberwachung:

„Die Videoüberwachung zielt darauf ab, dass tatgeneigte Personen von der Tatbegehung durch die Erhöhung des Entdeckungs- beziehungsweise Bestrafungsrisikos abgehalten werden. Dieser Vorstellung liegt die Annahme zugrunde, dass potentielle Täter rational handeln, das heißt in dem jeweiligen situativen Kontext eine ‚Kosten-Nutzen-Abwägung' über die Vor-

---

[40] Ebd., S. 1
[41] ebd., S. 2

und Nachteile einer Tat vornehmen und von der Begehung absehen, wenn die nach ihren Vorstellungen zu erwartenden ('negativen') Konsequenzen wie die der Entdeckung und der Bestrafung den erwarteten ('positiven') Nutzen übersteigen.[42]"

Basierend auf dieser Begründung wird auch beispielsweise der Rückgang von Betäubungsmitteldelikten erklärbar: Verkäufer- und Käuferidentifikation, Verkaufsanbahnung und -abwicklung. Gewaltdelikte sind in vielen Fällen Affekthandlungen, die emotions- oder alkohol- bzw. drogengesteuert begangen werden. Hier wird vor der Tatbegehung keine rationale Abwägung im Sinne der zuvor genannten Begründung getätigt.

Diese Aspekte können wir auf die Fragestellung zum Mehrwert der Videoüberwachung in der Hotellerie transferieren. Wir können an dieser Stelle davon ausgehen, dass sich auch hier mit Videoüberwachung affekt-, alkohol- und drogenbasierte Gewalttaten nicht verhindern lassen.

Sehr wohl kann man sich aber vorstellen, dass bei rationalen Straftaten eine entsprechende Abwägung durchgeführt wird. Solche Straftaten könnten sein: Diebstähle (mit der Eingrenzung: nur im videoüberwachten Bereich) und Einmietbetrug. Dies aber ausschließlich unter der Maßgabe, dass das Entdeckungsrisiko gering bzw. ausgeschlossen wird. Faktoren, die dagegensprechen, könnten beispielsweise sein:

- Täter ist nicht in Deutschland gemeldet oder
- Gute, aber nicht auffällige Maskierung (Hüte, Basecaps, Schals, etc.).

Bei Raubüberfällen kommt es auf die Situation an – besteht die Möglichkeit, dass sich der Täter in einem nicht videoüberwachten Bereich maskieren kann, so wird ihn in den seltensten Fällen die Videoüberwachung abschrecken. Ebenso gilt hier: Geht der Täter nicht davon aus entdeckt zu werden, wird er mit der Tatbegehung bis zu einem tatsächlichen Hindernis beginnen.

---

[42] Ebd. S. 14

Zudem müssen Sie beachten, dass es möglicherweise andere rechtliche Anforderungen (BDSG oder DS-GVO) an die Videoüberwachung durch Private, als durch öffentliche Stellen gibt. Das umfasst nicht nur die Aspekte des Datenschutzes hinsichtlich der öffentlichen Videoüberwachung, sondern auch die Fragestellung, wie lange gespeichert werden darf (mit Ausnahmen in der Regel 72 Stunden). Die Frage wird tatsächlich praxisrelevant, wenn beispielsweise ein Einmietbetrug erst 5-7 Tage (120 bis 144 Stunden) später festgestellt wird. Neben der präventiven Komponente fehlt hier dann auch die Repression durch fehlende Kamerabilder.

Was Sie jedoch immer grundsätzlich machen müssen, ist das berechtigte Interesse auszuweisen und zu belegen (Art. 5 ff. DS-GVO). Und an dieser Stelle können Ihnen ein Sicherheitskonzept und die zuvor betrachteten Aspekte helfen. Das berechtigte Interesse kann dabei das identifizierte und belegbare Risiko sein, dass durch diese Maßnahme gemindert bzw. verhindert werden soll.

Weitere datenschutzrechtliche Anforderungen sollten Sie an dieser Stelle mit Ihrem Datenschutzbeauftragten besprechen.

4.0 ORGANISATORISCHES SICHERHEITSKONZEPT

Der Wirkung von technischen Maßnahmen zur Prävention von hotelspezifischen Straftaten kann nach den vorherigen Ausführungen maximal als unterstützend bezeichnet werden. Wie bereits in den VdS-Vorschriften erwähnt wurde, ist eine integrale Betrachtung von technisch-organisatorisch-personellen Maßnahmen (TOP-Prinzip) notwendig.

4.1 ORGANISATIONSTHEORIEN ALS PRÄVENTIONSMAßNAHMEN

Von daher werden wir an dieser Stelle nun einen Schwerpunkt auf sozialwissenschaftliche Aspekte zur Kriminalitätsprävention legen. Dazu ist es notwendig, noch einmal genauer auf die Kriminalitätsentstehung einzugehen.

Die Routine Activity Approach (RAA) ist eine von mehreren kriminalpräventiven Ansätzen, die die Fragestellung verfolgen, welche Gegebenheiten vorliegen müssen, dass es zu einer strafbaren Handlung durch einen Täter kommt[43]. Grundsatz dieser Theorie ist die Annahme, dass Kriminalität immer in Abhängigkeit zu der Tatgelegenheit steht und sich erst daraus ein „Viktimisierungsrisiko" entwickelt[44].

Die von Cohen und Felson (1979[45]) festgestellten Einflussgrößen sprechen drei Anforderungen an:

- Tätermotivation („motivated criminals"),
- Tatgelegenheit („suitable targets") und
- Schutz des Objektes („lack of capable guardians") .

---

[43] Weitere Theorien wären beispielsweise der Rational Choice oder Crime Pattern Ansatz, diese werden jedoch nicht weiter berücksichtigt, da vor allem letzterer eine Weiterentwicklung des RRA-Ansatzes ist. Er berücksichtigt u.a. weitere räumliche Gegebenheiten, die Rückschlüsse auf den Wohnort eines Täters schließen lassen (Brandt 2004, S. 8). Für das Risikomanagement ist die hier vorgestellte Grundtheorie vollkommen ausreichend.

[44] Brandt (2004), S. 6

[45] In: Brandt (2004), S. 6

Ein motivierter Täter mit subjektiver (individueller) Rechtfertigung zur Tatbegehung benötigt bei einer geeigneten Tatsituation ein potenzielles Opfer, das ungeschützt ist. Diesen Prozess nennt man auch Decision Theory (Entscheidungstheorie).

Fällt einer der drei Aspekte weg, wird der rationale Täter in der Regel keine Straftat begehen. Dies gilt dabei grundsätzlich für alle Kriminalitätsbereiche: Auch ein terroristisch motivierter Attentäter hat ein Ziel und eine Motivation: möglichst viele Menschen in den Tod zu reißen. Ist der Schutz des Objektes zu hoch oder ist die Tatgelegenheit nicht gegeben (3 Uhr nachts im ländlichen Bereich), dann wird dieser seine Tatausführung nicht begehen und auf einen geeigneten Zeitpunkt warten.

Im Risikomanagement kann davon das VIVA-Prinzip abgeleitet werden. VIVA steht dabei für „Value, Inertia, Visibility, Access":

- **Value** kann jedes, von Ihnen identifizierte Asset sein. Alles, was ein potenzielles Täterziel sein kann, kann von einem „Angriff[46]" bedroht sein.
- **Inertia** - auf Deutsch: Trägheit - bezieht sich allein auf das betroffene Asset, wie einfach ist dieses verfügbar und vom Tatort verbracht werden kann. Ein 500kg Tresor verfügt verständlicherweise über eine höhere Trägheit, als ein Griff in die Bargeldkassette.
- **Visibility** – auf Deutsch: Sichtbarkeit - bezeichnet die Sichtbarkeit eines Assets für den Täter. Und Sichtbarkeit wird nicht nur als visuelle Komponente verstanden, sondern auch das Wissen darüber. Werden Assets (zum Beispiel die Unterbringung eines VIPs) nicht geheim gehalten, dann ist das Wissen, dass es dort verfügbar ist, schon ausreichend, dass daraus Risiken entstehen können.

---

[46] Hier im Sinne eines rechtswidrigen Eingriffs in das Schutzgut verstanden

- **Access** - auf Deutsch: Zugang – verlangt als Risiko eine Verletzlichkeit des Objektes und wird als die Zugänglichkeit zum Asset beschrieben.

Und damit kommen wir zu einer entscheidenden Feststellung für ihr Sicherheitskonzept:

Warum sollten Sie Geld für technische Maßnahmen ausgeben, wenn Sie zuvor nicht organisatorisch alle Anstrengungen unternommen haben, das Gesamtrisiko zu reduzieren?

Aber Vorsicht und daher immer wieder die Betonung hinsichtlich der individuellen Betrachtung: Ein Hotel nahe eines Drogenmilieus kann trotz umfangreicher organisatorischer und technischer Maßnahmen trotzdem Opfer von Beschaffungskriminalität (wie Raubüberfälle) werden, weil die im Täter verankerte Verzweiflung (Tatmotivation) so groß ist, dass das Entdeckungsrisiko in den Hintergrund gerät.

4.2 CPTED – KRIMINALPRÄVENTION DURCH UMWELTGESTALTUNG

Die vorherigen Ausführungen haben gezeigt, dass sich Beherbergungsbetriebe bestimmten spezifischen Gefährdungen ausgesetzt sehen, jedoch existierende technische Empfehlungen nur eine begrenzte kriminalpräventive Wirkung haben.
Hotelbetriebe, die jedoch trotzdem auf einen Sicherheitsstandard angewiesen sind bzw. betreiben wollen, fehlt oftmals aufgrund von nicht vorhandenem Fachwissen, der Einsatz und Verwendung von Sicherheits- und Risikomanagementtools.
In den nachfolgenden Kapiteln soll daher ein Sicherheitstool vorgestellt werden, das aus der klassischen städtischen Kriminalprävention hergeleitet wird. Die Vorteile dieses Tools bestehen in der Einfachheit, der Wirksamkeit und der Kosteneinsparung.

4.2.1 KRIMINALPRÄVENTION UND CPTED

Eine Idee dieser Form der Kriminalprävention ist die Erhöhung des persönlichen Sicherheitsempfinden des Gastes durch Maßnahmen der baulichen, personellen und technischen Sicherheit.

Crime Prevention Through Environmental Design (CPTED) ist eine interessante Herangehensweise, weil es kostengünstige und psychologisch wirksame Aspekte zur Steigerung des Sicherheitsempfindens aufzeigt.

Das „architektonische, freiraumplanerische und städtebauliche[47]" Konzept nimmt die soziale Umwelt auf, bewertet und durch physische Gestaltung das menschliche Verhalten positiv beeinflusst und bestimmte Typen von Straftaten verhindern soll (target hardening). Grundidee ist, dass viele Straftaten (z.B. Diebstahl, Gewaltkriminalität, Raub, Sachbeschädigungen) nur aufgrund von Tatgelegenheiten – wie bereits besprochen - begangen werden. CPTED setzt an die „'Gestaltungslösungen von Gebäuden und Umgebungen'[48]" zur Verringerung von Kriminalitätsrisiken an, um Tatgelegenheiten im Umfeld zu verhindern. Tatgelegenheiten entstehen dann, wenn es beispielsweise durch bauliche Möglichkeiten (z.B. dunkle Ecken, Kellerabgänge, Mauern, etc.) Tätern ermöglicht wird, sich zu verstecken und auf ihr Opfer zu warten.

Diese Kriminalprävention wurde von dem Politikwissenschaftler James Q. Wilson in den 70er Jahren des letzten Jahrhunderts im Rahmen des „Neuen Realismus" entwickelt. Dabei entstand ein Blickwechsel von der Kriminalitätsursachenbekämpfung (z.B. soziale Unterschiede, Armut, fehlende Vorbildfunktionen, Arbeitslosigkeit, etc.), hin zu einem „ökonomisch begründeten Ansatz[49]". Dieser besagt, dass ein potentieller Straftäter eine Kosten-Nutzen-Abschätzung vor Begehung der Straftat

---

[47] Schubert (2005), S. 21
[48] Crowe (2000) in: Schubert (2005), S. 21
[49] Schubert (2005), S. 25

durchführt und somit „Kriminalität in hohem Maße das Ergebnis einer freien und bewussten Willensentscheidung ist.[50]"

Dieses kriminologische Konzept grenzt dabei eng an die Broken Window Theory und die Untersuchungen von Phillip Zimbardo an, da vor allem die Faktoren:

- Beleuchtung,
- Übersichtlichkeit,
- Müll und Graffiti,
- Isolation von Einrichtungen,
- Verkehrsanbindungen und
- Soziale Personengruppen, soziales Umfeld

eine entscheidende Rolle spielen. Der Grundgedanke wird in der folgenden Tabelle dargestellt:

Sicher		Unsicher
Täter	⟷	Bevölkerung
Bevölkerung	⟷	Täter

Die vorangestellte Tabelle zeigt die für die Kriminologie einfache Gegenüberstellung als Grundgedanken für alle nachfolgenden Kapitel: Dort, wo sich Täter sicher fühlen, fühlt sich die Bevölkerung unsicher. Deshalb muss das Ziel sein, dass sich die Bevölkerung sicher fühlt, damit Straftäter sich in ihrer Tatbegehung unsicher fühlen und somit davon ablassen.

Dieser Ansatz zeigt auch den Teufelskreislauf auf, der in der Broken Window Theory beschrieben wird: Dort wo sich Anwohner unsicher fühlen, verschließen sie sich auch in ihren Wohnungen. Somit erfolgt keine Belebung der Gegend und somit entsteht eine noch stärkere Isolierung der Area und weitere Unsicherheit. Durch diese Unsicherheit entsteht Verwahrlosung, was der Nährboden von Kriminalität ist.

---

[50] Schubert (2005), S. 25

Die beste Beschreibung des Ziels von CPTED findet sich in dem Werk „Utopia or Oblivion: The Prospects for humanity" von Buckminster Fuller. Dort heißt es:

> „Don't attempt to reform man. An adequately organized environment will permit humanity's original innate capabilities to become successful. [...] My philosophy and strategy confine the design to initiate to reforming only the environment in contradiction to the almost universal attempts of human reforms and restrain other humans by political actions, laws, and codes.[51]"

Sinngemäß übersetzt bedeutet das:

> „Versuche nicht, den Menschen zu ändern. Ein angemessen organisiertes Umfeld wird es ermöglichen, dass die ursprünglichen angeborenen Fähigkeiten der Menschheit erfolgreich werden. [...] Meine Philosophie und Strategie beschränken sich darauf nur die Umwelt zu reformieren, im Widerspruch zu den fast universellen Versuchen menschlicher Reformen und andere Menschen durch politische Handlungen, Gesetze und Kodizes zurückzuhalten."

Zu dem deutschen Pendant zum Konzept von CPTED zählt die städtebauliche Kriminalprävention, die sich durch eine Kernfunktion auszeichnet: Vermeidung von anonymisierten und isolierten Hochhausgebäuden ohne soziale Kontrolle. Dies scheint zunächst im direkten Widerspruch zu Beherbergungseinrichtungen zu stehen, denn diese zeichnen sich gerade dadurch aus, dass eine hohe Zahl an Personen aus unterschiedlichen Nationen und Kulturen in einem Gebäude für einen entsprechend kurzen Zeitraum zusammenleben.
In den nachfolgenden Absätzen soll daher gezeigt werden, wie durch ein Konzept, das nicht nur das eigene Objekt in den Vordergrund stellt, die

---

[51] R. Buckminster Fuller in: Jeffery (1971), S. 7

Sicherheit effektiver gestaltet werden kann. Dabei wird auch die soziale, räumliche Umgebung, in welches das Haus eingebettet ist, betrachtet.

Das räumliche Umfeld, in dem ein Schutzobjekt in die soziale Interaktion eingebunden ist, ist mitentscheidend für das subjektive Sicherheitsempfinden der Gäste. Aber auch für das objektive, denn werden reelle Straftaten vor dem eigenen Lobbybereich begangen, können diese nicht ignoriert werden.

Das sogenannte „Defensible Space" beschreibt die „traditionellen Beziehungen zwischen Gebäuden, Fußweg und Straßen" und die „Möglichkeit, die Straße und Passanten zu beobachten[52]". Der Mensch möchte wissen, in welche Situation er sich begibt (z.B., wenn er das „sichere" Hotel verlässt), weshalb er einen schutzbietenden Raum vor äußeren Einflüssen benötigt. Das kann an dieser Stelle auch die Beherbergungseinrichtung sein. Um diesen Raum zu erreichen, müssen vier Prinzipien erfüllt sein:

1. Territorialität,
2. Natürliche Überwachung,
3. Image und
4. Milieu.

4.2.2 TERRITORIALITÄT

Zentraler Aspekt der baulichen Kriminalitätsprävention ist die Bildung eines eigenen, räumlich abgetrennten Schutzraums, der gegenüber anderen Personen (und potentiellen Eindringlingen) deutlich angezeigt wird (Natural Access control). Dies muss nicht zwangsläufig mit einer baulichen Befriedung (Zaun, Mauer oder ähnlichem) einhergehen, es reicht auch eine symbolische Abgrenzung nach außen hin. Das können Markierungen (z.B. die kleinen, am Boden eingelassenen Pflastersteine), aber auch

---

[52] Schubert (2005), S. 14

Blumentöpfe oder Poller sein – eine visuelle Markierung des Hausrechtsbereichs.

Diese „Zonierung der Umwelt" verfolgt mehrere Ziele. Auf der einen Seite sollen tatsächliche oder symbolhafte Barrieren gesetzt werden, die einen fahrlässigen Eindringling (z.B. Passanten) rechtzeitig anzeigen, dass hier Privatbesitzt beginnt. Auf der anderen Seite werden einem vorsätzlichen Eindringling (z.B. Tätern) die Eigentumsverhältnisse rechtssicher aufgezeigt, sodass Verstöße dagegen als vorsätzliche Straftat gewertet werden könnten.

Grundsätzlich geht es bei dieser vordersten Barriere ebenso darum, frühzeitig Privatbesitz anzuzeigen, Sicherheit durch die soziale Kontrolle für Gäste zu erreichen und Konfliktpotential zu minimieren.

Soziale Kontrolle bedeutet in diesem Kontext Sicherheit im Einflussbereich. Beispielsweise wird ein Gast eine ihm suspekt vorkommende Situation nur melden, wenn dies ihn auch selbst betrifft und in seiner subjektiven Sicherheit einschränkt. Das wird in den meisten Fällen nur dann sein, wenn sie sich in seinem Einflussbereich – dem Hotel – befindet. Diese Schaffung der Verantwortung durch klare Strukturen für das Kollektiv erhöht die Gesamtsicherheit und führt innerhalb eines Leitsystems zu Verhaltens- und Bewegungssteuerung passierender Personen – öffentlicher Grund vs. privater Hausrechtsbereich.

Diese Anforderungen bestehen auch im inneren Bereich des Hotels: Öffentliche (z.B. Empfangsbereich), halböffentliche (z.B. Restaurant und Gästetoiletten) und nicht öffentliche Bereiche (z.B. Backoffice, Küche, Lager) müssen eindeutig gekennzeichnet werden. Trennungen können dabei auch wieder symbolisch (z.B. durch Zeichen „Staff only" oder durch Wechsel des Teppichbodens) oder real (z.B. durch Verschluss) erfolgen.

4.2.3 NATÜRLICHE ÜBERWACHUNG

Die natürliche Überwachung, in der englischen Literatur als Visibility bezeichnet, bezieht sich auf die Übersichtlichkeit aus dem Objekt auf die nähere Umgebung. Die Sicherheitsliteratur beschreibt diesen wichtigen Punkt sehr verkürzt: Die natürliche Überwachung ist wichtig, „um Fremden bzw. Besuchern das Gefühl zu vermitteln, beobachtet zu werden.[53]" Täter möchten in ihrer Tatvorbereitung und -durchführung nicht gesehen werden. Das heißt nicht nur tagsüber, sondern auch nachts muss durch entsprechende Beleuchtung und Einsehbarkeit die Sichtbarkeit gewährleistet werden.

Es geht es auch darum, dass ortsfremde Personen die Möglichkeit haben, von innen aus dem Objekt herauszuschauen und die Lage jederzeit zu überblicken. Dies soll eine Einschränkung der Bewegungsfreiheit in Zeit und Ort vermeiden. Sichtbarrieren durch Mauern, Bäume, Büsche oder vergleichbaren Versteckmöglichkeiten müssen vermeiden werden. Alle Bereiche, in die das Hotel eingebettet ist (öffentliche, private, wirtschaftliche Areas), sollten überschaubar und im besten Fall architektonisch verknüpft werden.

4.2.4 IMAGE

Bei dem Image geht es um die Lage und das Viertel bzw. Quartier, in dem sich die Beherbergungseinrichtung befindet. Die öffentliche Meinung durch die Presse oder anderen Gästen zu den Örtlichkeiten kann ein wichtiges Entscheidungskriterium in der Bewertung der subjektiven Sicherheit am Beherbergungsort sein (z.B. in Form von online-Bewertungen).

Hier zeigt sich bereits eine Vermischung aus objektiver und subjektiver Sicherheit, die nur begrenzt durch den Hotelbetreiber beeinflussbar ist. Es gibt aber Grund zur Annahme, dass zumindest aufgrund der inneren Struktur - nach den Grundprinzipien der Kriminalitätsprävention – Hürden für bestimmte Personengruppen gesetzt werden. So zieht möglicherweise ein zentral gelegenes Hotel mit einem höheren Übernachtungspreis und möglicherweise expliziten Vorgaben zur Annahme von Walk-Ins, keine

---

[53] Schubert (2005), S. 16

Personen an, die eigentlich auf der Suche nach einem Stundenhotel sind. Prostitution und damit einhergehende Begleitkriminalität können das Sicherheitsempfinden in einem erheblichen Maße schmälern. Durch eine selbstauferlegte Philosophie sowie konkreten Handlungsvorgaben für eingesetzte Mitarbeiter kann sich ein Haus ein Erscheinungsbild (Image) selbstauferlegen und dadurch für Sicherheit sorgen.

Das Image beinhaltet aber auch die Reaktionsfähigkeit auf Beschädigungen und Veränderungen am Zustand des Schutzobjektes. Negative Einflüsse (z.B. Graffiti) müssen schnell beseitigt werden, damit diese auf der einen Seite nicht negativ in das subjektive Sicherheitsgefühl einwirken (Broken-Window-Theorie) und auf der anderen Seite potenzielle Täter zur Begehung von weiteren Sachbeschädigungen motiviert werden.

Dies kann organisatorisch durch ein Reinigungskonzept und personell durch Reinigungs- und Sicherheitspersonal, aber auch unterstützend durch ein Gestaltungskonzept erreicht werden, das Sachbeschädigungen nicht attraktiv macht (z.B. bei Graffiti bereits durch bunt-gestaltete Hauswände) oder bestimmte Anti-Haft-Oberflächen. Gleichzeitig müssen auch Werkzeuge zur Straftatbegehung beseitigt oder gesichert werden. Dazu zählen Leitern und lockere Pflaster- und Gehwegsteine sowie die Sicherung zugänglicher Nottreppen.

4.2.5 MILIEU

Im Bereich des Milieus beschäftigt sich der Sicherheitsverantwortliche mit dem sozialen Umfeld, verstärkt mit der sozialen Kontrolle und den Dimensionen des eigenen Objektes in Relation zu dessen Umwelt. Im Idealfall soll erreicht werden, dass kriminelle Personen keinen Zugang zu diesem Viertel und noch weniger zum eigentlichen Schutzobjekt erhalten.

Die zwei zuvor genannten Faktoren „Sichtbarkeit und Überschaubarkeit" sind hier die entscheidenden Argumente, die gezielt durch Freiflächen und durch den Bau der Beherbergungseinrichtung an sich gesteuert werden können. Dabei spielt beim Neubau die Auswahl des Standortes und die

Dimensionierung des Objektes eine wichtige Rolle. Das bezieht die Zu- und Abgangskontrolle zum Hotel über den Haupteingang, möglichen Nebeneingängen sowie Parkmöglichkeiten mit ein.

Das gilt auch für die Straßenzüge im Umfeld des Objektes, die eine sichere Bewegungsfreiheit garantieren müssen. Konkret bedeutet das die Vermeidung von „single exit points" (nur eine Fluchtmöglichkeit) und die Option für den Passanten unterschiedliche Wege zu nutzen. Dies kann vor allem in Situationen wichtig sein, in dem sich einzelne Personen (z.B. durch eine Gruppe herumstehender Jugendlicher) in ihrer subjektiven Sicherheit eingeschränkt fühlen. Für solche Konstellationen müssen Ersatzwege vorhanden sein – ein Hotel in einer Sackgasse erfüllt diese Anforderungen beispielsweise nicht.

Das Problem und die damit verbundene Zielstellung wird dabei nicht nur ein Hotel haben. Auch Geschäfts- und Ladenzeilen und andere Einrichtungen haben ein Interesse an einer lokalen Aufwertung und Verbesserung der örtlichen Sicherheit. Es lohnt sich daher in den Dialog mit anderen Gewerbetreibenden, Anliegern und der Polizei zu gehen.

Aber auch die Belebung um das Schutzobjekt herum muss vornehmliches Ziel eines ganzheitlichen Sicherheitskonzeptes sein. Straßenzüge, die isoliert, abgeschieden, wenig begangen und befahren werden, wirken (und sind) unsicherer als belebte Viertel, in denen es Geschäfte, Straßencafés und abendliche Einrichtungen für alle Alters- und Personengruppen gibt. Dabei spielt es keine Rolle, ob es in diesen belebten Gegenden zu Delikten wie Drogen- und Alkoholkonsum sowie Prostitution kommt: Allein die Belebung durch Einheimische und Touristen führt zu subjektiver Sicherheit. Vor allem in Großstädten und in Zeiten, in denen das Hotel- und Gaststättengewerbe boomt, lassen sich diese Anforderung zum Aspekt der Sicherheit nicht erfüllen. Ein gutes Beispiel ist das neugebaute Zoofenster mit dem Hotel Waldorf Astoria Berlin. Mit seinen 232 Zimmern kann keine soziale Kontrolle entstehen, denn die Möglichkeit zur Wiedererkennung (also Vermeidung der Anonymität) aufgrund der Gästeanzahl und der Fluktuation ist für die Mitarbeiter, aber auch für aufmerksame Gäste nicht immer gegeben. Dies bietet vor allem bei offenen Häusern eine ausreichende Anonymität für potenzielle Täter.

Durch geeignete Maßnahmen muss die Lücke zwischen Risiko (z.B. Anonymität) und angestrebter Sicherheit geschlossen werden.

5.0 PERSONELLE SICHERHEITSDIENSTLEISTUNGEN

Gleichsam relevant ist die Betrachtung von personellen Sicherheitsdienstleistungen im Umfeld der Hotelsicherheit. In diesem Zusammenhang sollen die rechtlichen Aspekte betrachtet und Entscheidungsempfehlungen ausgesprochen werden.

Bei dieser Thematik können viele Fehler gemacht werden, daher ist es notwendig, dass an dieser Stelle im Detail auf Voraussetzungen und Fallstricke eingegangen wird.

Dieses Kapitel soll auch ein Appell an Sie sein, sich mit dem Einkauf von personellen Sicherheitsdienstleistungen intensiv auseinander zu setzen. Es ist mir ebenso ein Anliegen, dass Sie erkennen, dass Sie keine Ware oder ein Produkt einkaufen, sondern Menschen für den Schutz von Ihren Mitarbeitern und Gästen verpflichten.

5.1 NEHMEN WIR UNS DIE ZEIT?

Oft höre ich von Kunden oder aus meinem Netzwerk: „Ich kenn mich doch damit nicht aus, was soll ich denn fordern?" Und ich reagiere immer mit der gleichen Rückfrage: „Wann haben Sie das letzte Mal ein Smartphone, einen Fernseher oder ein Auto gekauft?" Meist herrscht dann Verwirrung.

Denn keiner von uns ist ein ausgewiesener Technikexperte, aber dennoch vergleichen wir allesamt Preise, Angebote, listen Vor- und Nachteile auf und lesen technische Analysen zu Produkten, zu denen wir uns auch nicht auskennen. Aber dennoch beschäftigen wir uns damit. Dennoch sind wir auf der Suche nach dem bestmöglichen Produkt für uns und geben lieber ein paar Euro mehr aus, als billige Ware zu kaufen, die wir eh in ein paar Monaten wieder neu ersetzen müssen.

Und wofür? Um das beste Home-Entertainment-Erlebnis zu haben? 4k-Auflösung und echtes Kinoerlebnis? Für ein bisschen Spaß ohne wirklichen Mehrwert? Und für die Sicherheit unserer Mitarbeiter, unserer Gäste,

Freunde und Angehörigen nehmen wir das billigste und das erstbeste Produkt? Da liegt doch ein Fehler in der Wertigkeit vor, oder?

5.2 RECHTLICHER HINTERGRUND

Um in Deutschland ein Sicherheitsgewerbe gründen zu können, müssen die Anforderungen aus § 34a Gewerbeordnung (GewO) erfüllt werden:

„Wer gewerbsmäßig Leben oder Eigentum fremder Personen bewachen will (Bewachungsgewerbe), bedarf der Erlaubnis der zuständigen Behörde" (§34a Abs. 1 S. 1 GewO)

Dabei ist die Formulierung „Dritter" entscheidend: Nach aktueller Rechtslage können Sie Mitarbeiter für den Schutz ihres Unternehmens ohne die nachfolgenden Anforderungen beauftragen, wenn diese direkt bei Ihnen angestellt sind. Dies läge klassischerweise vor, wenn Sie einen Mitarbeiter ausschließlich für diese Tätigkeit anstellen und mit der Aufgabe beauftragen. Die Bewachung von eigenem Eigentum ist sozusagen gewerbefrei.

Möchten Sie einen externen Sicherheitsdienstleister mit dieser Aufgabe betreuen, dann gelten die nun kommenden Ausführungen. Eine Erlaubnis wird in der Regel durch die Erfüllung folgender wesentlicher Voraussetzungen erteilt:

- Der Gewerbetreibende erfüllt die notwendigen Anforderungen an die Zuverlässigkeit, vorrangig wenn dieser innerhalb der vergangenen fünf Jahre vor Antragsstellung keine Straftat beging, bei der er zu „mindestens 90 Tagessätzen oder mindestens zweimal zu einer geringeren Geldstrafe rechtskräftig verurteilt worden ist" (§ 34a Abs. 1 S. 4 Nr. 4 GewO). Das Gesetz führt hierzu dedizierte Straftatbestände aus, im Wesentlichen geht es um Verbrechenstatbestände (Strafmaß beträgt mind. 1 Jahr Freiheitsentziehung). Neben einer Auskunft aus dem

Bundeszentral- und Gewerberegister, ist eine Stellungnahme der zuständigen Landespolizeidienststelle notwendig.

- Des Weiteren ist die Mitgliedschaft in einem verfassungsfeindlichen Verein, einer durch das Bundesverfassungsgericht festgestellten verfassungsfeindlichen Partei oder die verfassungsfeindliche Betätigung ein Versagungsgrund (§ 34a Abs. 1 S. 4 Nr. 1-3 GewO), auch wenn die Mitgliedschaft bereits vor fünf bis 10 Jahren (je nach Anforderung) beendet wurde.
- Weitere Überprüfungen durch die Landesämter sowie durch das Bundesamt für Verfassungsschutz im Rahmen einer Sicherheitsüberprüfung sind möglich.

Bei diesen Ausführungen sehen Sie bereits ein wesentliches Problem: Ein Unternehmer, der beispielsweise in einer rechtsextremistischen Kampfsportgruppe ohne bzw. mit nach § 34a GewO „verjährten" Straftat regelmäßig präsent ist, darf nach diesen Voraussetzungen sehr wahrscheinlich (Einzelfallprüfung) ein Gewerbe eröffnen. Das ist leider auch nicht so selten wie man denken mag. 2019 traf dies das KZ Sachsenhausen:

> „In der Gedenkstätte im früheren Konzentrationslager Sachsenhausen in Oranienburg sind Mitarbeiter einer Sicherheitsfirma eingesetzt worden, die einem mutmaßlichen Rechtsextremisten aus Cottbus gehört. [...]
>
> Die Firma gehört dem Amateurboxer Ronny S., er nahm im Juni 2018 an dem Kampfsport-Event „Tiwaz" von 450 Neonazis aus Deutschland, Russland, Frankreich und Bulgarien in Sachsen teil – sein Team: „Black Legion". Der Name, einer Abspaltung des Ku-Klux-Clan entlehnt, kommt vom Label einer rechten Kampfsport- und Streetwearmarke."[54]

Ein Sicherheitsmitarbeiter, der für einen Gewerbetreibenden arbeiten möchte, muss dabei nach ähnlichen Voraussetzungen zuverlässig,

---

[54] https://www.tagesspiegel.de/berlin/brandenburg-rechter-wachschutz-in-der-kz-gedenkstaette-sachsenhausen/24003804.html, Stand: 21.09.2020

mindestens 18 Jahre alt sein und mindestens über einen Unterrichtungsnachweis verfügen (§ 9 Abs. 1 BewachV). Die Zuverlässigkeit wird hierbei ebenfalls durch einen unbeschränkten Bundeszentralregisterauszug sowie einer Stellungnahme durch die zuständige Landespolizeidienststelle nachgewiesen. Je nach Tätigkeit kann eine Sicherheitsüberprüfung gemäß dem Sicherheitsüberprüfungsgesetz notwendig sein.

Die bereits angesprochene Mindest- oder auch Einstiegsqualifikation ist das Unterrichtungsverfahren nach § 34a GewO. Dieses Unterrichtungsverfahren erfolgt in einem Zeitumfang von 40 Stunden mit den Lehrinhalten

- Recht der öffentlichen Sicherheit und Ordnung einschließlich Gewerberecht und Datenschutzrecht,
- Bürgerliches Gesetzbuch,
- Straf- und Strafverfahrensrecht einschließlich Umgang mit Waffen,
- Unfallverhütungsvorschrift Wach- und Sicherungsdienste,
- Umgang mit Menschen, insbesondere Verhalten in Gefahrensituationen, Deeskalationstechniken in Konfliktsituationen sowie interkulturelle Kompetenz unter besonderer Beachtung von Diversität und gesellschaftlicher Vielfalt und
- Grundzüge der Sicherheitstechnik.

Um spezielle Tätigkeiten ausführen zu dürfen, ist die Ablegung der sogenannten Sachkundeprüfung notwendig. Dazu zählen vor allem Kontrollgänge im öffentlichen Raum oder Hausrechtsbereich, die Tätigkeit zum Schutz vor Ladendieben, die Bewachung im Einlassbereich von gastgewerblichen Diskotheken (klassisch „Türsteher") und in Aufnahmeeinrichtungen für Asylsuchende sowie in der leitenden Position von zugangsgeschützten Großveranstaltungen (§ 34a Abs. 1a S. 2 GewO).

5.3 DEFINITION DER PERSONELLEN SICHERHEITSDIENSTLEISTUNG

Produkte unseres Alltags haben aber einen Vorteil: Durch ihre allgegenwärtige Anwesenheit haben wir alle eine Vorstellung davon, wenn wir im Einzelhandel 1 kg Mehl, einen Herrenturnschuh in der Größe 40 (Farbe Blau) oder einen Kaffee-to-go bestellen.

„Einen Sicherheitsmitarbeiter zum Mitnehmen" wird da schon schwieriger und bedarf konkreter Beschreibungen. Davon kann selbstverständlich in Ausnahmesituationen (z.B. kurzfristige Bedarfe) abgewichen werden, für alle langfristigen Themen sollten jedoch zuvor und nachfolgende genannte Anforderungen gelten.

Mit der Begrifflichkeit „personelle Sicherheitsdienstleistung" wird oft einseitig und ausschließlich die Gestellung eines Sicherheitsmitarbeiters in Verbindung gebracht.

Der Entgelttarifvertrag für Sicherheitsdienstleistungen vom 31. Januar 2017 für Berlin und Brandenburg kennt fünf Entgeltgruppen, die nach Qualifikationen gegliedert und für die es über ein Dutzend von Untergruppierungen nach Tätigkeiten und Anforderungen des Auftraggebers (Lohngruppen) beschrieben sind. So wird beispielsweise zwischen einem Sicherheitsmitarbeiter im Objektschutz, einem Sicherheitsmitarbeiter im Revier- und Interventionsdienst, einer Fachkraft in einer Notruf- und Serviceleitstelle (NSL) und einem Sicherheitsmitarbeiter mit einem Diensthund unterschieden. Diese Differenzierungen spiegeln sich aufgrund verschiedener Tariflöhne in den Stundenverrechnungssätzen wider, auf diese werde ich in einem darauffolgenden Kapitel noch einmal zu sprechen kommen.

Diese Ausführungen sind aber nur für Berlin und Brandenburg gültig und unterscheiden sich bei bundesweit in den 70 Tarifverträge mit 450 Lohngruppen erheblich. Somit kann es nur hilfreich sein, dass sich jeder Auftraggeber mit den regionalen Besonderheiten und an dieser Stelle mit einem übergeordneten Normenstandard beschäftigt: Den Qualitätsstandard DIN 77200-1:2017-11 Teil 1: Allgemeine Anforderungen an Sicherheitsdienstleister.

Hier werden folgende Definitionen getroffen:

Begrifflichkeit	**Definition**[55]
Sicherheitsdienstleistung(en)	„Handlungen und Maßnahmen des Auftragnehmers und seiner Erfüllungs-/Verrichtungsgehilfen (Mitarbeiter und Subunternehmer) auf vertraglicher Grundlage privatrechtlicher Natur oder im öffentlichen Auftrag zum Schutz von Leib, Leben, Gesundheit und Eigentum sowie anderer Rechtsgüter“
Sicherheitsmitarbeiter (SMA)	„Person, die gegen ein Honorar, Gehalt oder einen Lohn Sicherungsdienstleistungen erbringt“

Wir finden diese nicht geschützte Berufsbezeichnung (oder auch Securitykraft, Wachmann, Bewacher,…) im Allgemeinen als sprachlichen Oberbegriff für einen Menschen, der im Sicherheitsgewerbe arbeitet. Dabei werden unterschiedliche Anforderungen an seine Tätigkeit auf Basis des Einsatzbereiches definiert. Die DIN 77200-2018 (Teil 1) definiert diese Einsatzbereiche wie folgt:

- Stationärer Sicherheitsdienst
  - Alarmdienst
  - Empfangsdienst
  - Kontrolldienst
- Mobiler Sicherheitsdienst
  - Revierdienst
  - Interventionsdienst
  - Kontrolldienst
- Veranstaltungsdienst

---

[55] DIN 77200-1:2017-11 Teil 1, S. 7 f.

- Spezifische Dienstleistungen (Teil 2 – im Entwurf[56])
    - Öffentlicher Personenverkehr (ÖPV)
    - Asylbewerberheim
    - Veranstaltungen

Sie sehen an dieser Stelle bereits – ohne vielleicht die konkreten inhaltlichen Aspekte zu kennen – dass eine Beauftragung zum Erhalt einer professionellen Sicherheitsdienstleistung nicht so einfach ist. Zu den unzähligen Lohngruppen kommen noch ergänzende Dienstleistungen wie Alarmaufschaltungen in einer Notruf- und Serviceleitstelle (NSL), Interventionsdienste, Detektive und Werkfeuerwehr.

Das bedeutet aber auch für Sie, dass Sie Ihren Bereich und Bedarf sowie die Herangehensweise aus Kapitel „Strategischer Ansatz „Sicherheitsproduktion"" von Seite 53 kennen müssen. Nehmen Sie das Beispiel an, dass es in Ihrem Haus vermehrt zu Diebstählen kommt. Wollen Sie die Sachverhalte aufklären (ggf. denken Sie an einen Innentäter) oder wollen Sie den Täter verschrecken? Die Antwort dieser Frage beantwortet auch die Frage ob ein Detektiv oder ein Sicherheitsmitarbeiter – hier wohl stationärer Kontrolldienst – zum Einsatz kommen soll.

Das gilt für viele Tätigkeiten und wird einmal nachfolgend exemplarisch aufgeschlüsselt:

Nächtliche Anwesenheit durch Sicherheitsmitarbeiter	
Mit Gästeempfang	Ohne Gästeempfang
Empfangsdienst	Kontrolldienst
Erhöhung des Sicherheitsgefühls der Mitarbeiter	
Mit permanenter Präsenz	Ohne permanente Präsenz
Kontrolldienst	Revierdienst
Diebstahlprävention/-repression	
Im Ereignisfall	Zeitlich-, örtlich-, anlassbezogen
Alarmdienst	Veranstaltungsdienst

---

[56] Stand: September 2020

Diese Betrachtung kann auch auf konkrete Szenarien erweitert werden:

Szenarien
Hotel A erkennt nachweislich bei Tagungen erhöhte Diebstahlsraten. • Veranstaltungssicherungsdienst während der Tagungen, außerhalb ist keine Dienstleistung notwendig.
Hotel B kann aufgrund von subjektiven Sicherheitsbedenken bei den eigenen Mitarbeitern den Nachtdienst durch eigenes Personal nicht mehr besetzten. • Der Kunde beauftragt einen Empfangsdienst.
Hotel C weiß, dass Gäste und Mitarbeiter regelmäßig Türen im hinteren Bereich des Hotels offenlassen, der Nachtdienst kann den Empfangsbereich nicht verlassen, da er allein ist. • Der Revierdienst kontrolliert dreimal in der Nacht diesen Türbereich und sorgt für den Verschluss.
Hotel D sichert das Büro der Hotelleitung durch eine Einbruchmeldeanlage, welches durch einen externen Zugang betretbar ist. Bei Auslösung der Anlage soll nicht der Hotelmitarbeiter nachschauen, was passiert ist. • Das Hotel beauftragt die Aufschaltung der Einbruchmeldeanlage bei einem Sicherheitsunternehmen, bei Alarmauslösung fährt ein geschulter Interventionsmitarbeiter zur Nachschau das Objekt an.
Hotel E liegt direkt an einer Feiermeile einer Großstadt. Im Empfangsbereich kommt es immer wieder zu Konflikten mit dem stark alkoholisierten Partyklientel. • Zum Schutz von Mitarbeiter und Gästen wird ein Kontrolldienst beauftragt, der durch regelmäßige Kontrollgänge definierte Bereiche überwacht und bei Feststellungen Maßnahmen ergreift (z.B. Durchsetzung des Hausrechts).

Hotel F verfügt über eine äußerst sensible Brandmeldeanlage, die bereits bei der Nutzung des Wasserkochers auf dem Zimmer auslöst.
• Nach fünf Fehlalarmen im Monat beauftragt der Hotelbetreiber einen Alarmdienst, der bei Voralarm der Brandmeldeanlage eine Nachschau durchführt und bei Fehlalarmen die Anlage ohne Alarmierung der Feuerwehr zurücksetzt.

Genauso relevant ist an dieser Stelle die Fragestellung der Vertragsart – Rahmen- oder Einzelvertrag (Beauftragung)?

Einzelbeauftragung	**Rahmenvertrag**
Vorteile: • Hohe Flexibilität in der Wahl des Unternehmens und der Form der Beauftragung • Schlechtleistungen können kurzfristig durch die Wahl eines neuen Sicherheitsdienstes kompensiert werden • Preisvorteil durch Individualangebote bzw. tagesaktuelle Stundenverrechnungssätze	Vorteile: • Besetzungsgarantie durch Planungssicherheit • Aufbau eines langfristigen Geschäftsverhältnisses • Geringer (vertraglicher) Aufwand bei Bestellungen • Budgetsicherheit durch vertraglich vereinbarte Preise (auch über mehrere Jahre) • Ggf. Mitsprache in der Auswahl der einzusetzenden Personale • Mitarbeiter kennen durch langfristigen Einsatz die Bedürfnisse und Eigenheiten des Hauses

Nachteile:	Nachteile:
<ul><li>Hoher (vertraglicher) Aufwand je Einzelbeauftragung</li><li>Keine Besetzungsgarantie, da fehlende Planungsgarantie beim Dienstleister</li><li>Kein Aufbau eins Vertrauensverhältnisses</li><li>Keine Budgetsicherheit durch immer neu auszuhandelnde Preise</li><li>Sicherheitsmitarbeiter müssen immer wieder neu eingewiesen werden</li></ul>	<ul><li>Keine Flexibilität bei der Wahl des Unternehmens</li><li>Schlechtleistungen können nicht kurzfristig kompensiert werden – ggf. zivilrechtliche Gerichtsstreitigkeiten (Kosten)</li><li>Keinen Preisvorteil aufgrund von Festpreisen, die möglicherweise Unwägbarkeiten in der Zukunft (z.B. noch nicht bekannte Tariferhöhungen) einschließen</li></ul>

Beide Herangehensweisen haben Vor- und Nachteile, die jeweilige Anzahl soll dabei jedoch keinen abschließenden Indikator darstellen. Vielmehr ist es eine grundsätzliche und individuelle Abwägung von Planungssicherheit versus Flexibilität notwendig.

Als letzter Aspekt der Vorbereitung bedarf es bereits einer Vorstellung nach dem Qualitätsniveau (siehe Abbildung 4). Dieses ist abhängig von der (Sicherheits-)Philosophie des Hotels, des Schutzbedarfs (Assets und Schutzziel) sowie der umzusetzenden Aufgabe. Es gibt unbenommen Aufgaben, die eine Besetzung fordern, deren Kern dadurch geprägt ist, eine einfache Aufgabe umzusetzen („In diese Mitarbeiterumkleide kommt nur jemand rein, der Mitarbeiter des Hauses ist!" / „Durch diese Tür geht niemand!" / „Wenn die rote Lampe leuchtet, rufst du die Haustechnik an!"). Bei dieser Aufgabe benötige ich weder hochqualifiziertes Personal, noch ist die Funktion in irgendeiner Art und Weise durch eigenverantwortliches Handeln geprägt (low Budget Security).

Es gibt jedoch auch Aufgaben, die eine seriöse, professionelle und verantwortungsvolle Aufgabe verlangen – beispielsweise die Bestreifung eines Hotelkomplexes im Rahmen einer sicherheitsbezogenen Dienstleistung.

Selbstverständlich gibt es dann auch noch das Premiumsegment, das sich einerseits durch sein Aufgabenprofil (z.B. VIP-Betreuung, Jahreshauptversammlungen, Veranstaltungen mit Mitgliedern der Bundesregierung, etc.) und andererseits durch seinen Einfluss auf Kernprozesse mit möglichen rechtlichen Konsequenzen definiert.

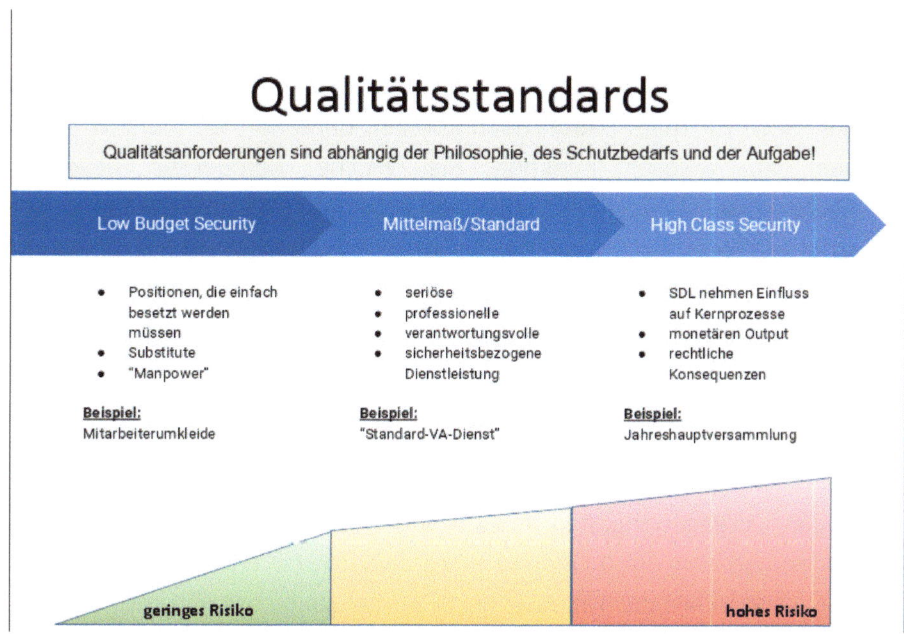

Abbildung 4 Qualitätsstandards und -niveau in Abhängigkeit der zu leistenden Aufgabe (Quelle: eigene Darstellung)

Qualität kann sich auch durch eine vom Auftraggeber geforderte Qualifikation ausdrücken. Neben den bereits beschriebenen gesetzlichen Voraussetzungen nach § 34a GewO gibt es neben zwei klassischen Berufsausbildungen (die Servicekraft für Schutz und Sicherheit (zweijährig) und die Fachkraft für Schutz und Sicherheit (dreijährig)) auch für Seiteneinsteiger die Qualifikation der „Geprüften Schutz und Sicherheitskraft". Auf dieser Basis kann sogar noch der IHK-geprüfte Meister für Schutz und Sicherheit abgelegt werden und ein Bachelor- und Masterstudium begonnen werden.

Nebenher gibt es dazu noch branchenübergreifende Qualifikationen (Evakuierungs- und Brandschutzhelfer, Brandschutzbeauftragter, Ersthelfer, Betriebssanitäter, etc.) und staatliche Zusatzqualifikationen wie die Waffensachkunde, die Qualifikation gemäß ISPS-Code (Hafensicherheit), die Luftsicherheitskontrollkraft, etc.

Dies stellt gleichzeitig auch die Frage nach der Bündelung von Kompetenzen: Befinden Sie sich in der komfortablen Situation, dass Sie ein ganzes Security-Team beauftragen können, dann können Sie sich ebenso fragen, an welcher Funktion Sie welche Kompetenz benötigen. Möglicherweise ist es ausreichend einen sehr gut ausgebildeten Team- oder Abschnittsleiter zu haben, der durch fachliche Führungsstärke ein Team aus Mitarbeitern mit Mindestqualifikation betreut. Das ist jedoch immer wieder individuell zu betrachten, auch zum Ausschluss einer verdeckten Arbeitnehmerüberlassung.

5.4 MERKMALE EINES SERIÖSEN SICHERHEITSDIENSTLEITERS

Wie den vorangegangenen Ausführungen zu entnehmen ist, sind die Anforderungen an die Gründung eines Sicherheitsdienstes ausgesprochen gering, ebenso wie die Tätigkeit als Sicherheitsmitarbeiter. Umso wichtiger ist für den Hotelier die Wahl eines seriösen Sicherheitsdienstleisters.

Kommt es zu Schlechtleistungen oder zu Fehlern oder Straftaten durch eingesetztes Sicherheitspersonal, dann kommt – auch aus der Branche –

sehr schnell das Argument: „Na, man hat da wieder einfach nur den billigsten genommen!" Sowohl in der Auftragsvergabe, als auch in der Branche wird Wirtschaftlichkeit oftmals als billigster Preis verstanden. Dabei definiert der COESS-Standard „Auftragsvergabe für qualitätsvolle private Sicherheitsdienstleistungen" Wirtschaftlichkeit wie folgt:

„Das bedeutet auch, dass der Auftraggeber den wertvollsten Kompromiss und die optimale Kombination von Preis und Qualität findet, die ihm gemäß vorhergesehenen Bedürfnissen und Kriterien den größten Gesamtvorteil bieten. Ein gutes Preis-Leistungsverhältnis berücksichtigt auch soziale Erwägungen.[57]"

Das zahlt auch auf das Gesetz der Wirtschaft von John Ruskin ein:

> *„Es gibt kaum etwas auf dieser Welt, das nicht irgendjemand ein wenig schlechter machen kann und etwas billiger verkaufen könnte, und die Menschen, die sich nur am Preis orientieren, werden die gerechte Beute solcher Menschen.*
>
> *Es ist unklug, zu viel zu bezahlen, aber es ist noch schlechter, zu wenig zu bezahlen. Wenn Sie zu viel bezahlen, verlieren Sie etwas Geld, das ist alles. Wenn Sie dagegen zu wenig bezahlen, verlieren Sie manchmal alles, da der gekaufte Gegenstand die ihm zugedachte Aufgabe nicht erfüllen kann.*
>
> *Das Gesetz der Wirtschaft verbietet es, für wenig Geld viel Wert zu erhalten. Nehmen Sie das niedrigste Angebot an, müssen Sie für das Risiko, das Sie eingehen, etwas hinzurechnen. Und wenn Sie das tun, dann haben Sie auch genug Geld, um für etwas Besseres zu bezahlen."*

Doch sollte die Wahl eines Sicherheitsdienstleister dann nicht auf Basis einer Billig-Preisentscheidung fallen?

Die Risiken in der Wahl des billigsten Angebots sprechen für sich:

---

[57] COESS-Standard Auftragsvergabe für qualitätsvolle Private SDL, S. 8

- Mögliche Beeinträchtigung der Vertragserfüllung
- Mögliche Wettbewerbsverstöße
- Nichteinhaltung von Gesetzen
    - Gewerberecht
    - Mindestlohnrecht
    - Arbeitsrecht
    - Ausbleibende Zahlung von Steuern- und Sozialabgaben

Auf der anderen Seite sprechen betriebswirtschaftliche Aspekte dafür, den Preis nicht als einzigen Indikator zu sehen:

- Eine Dienstleistung verursacht fixe und variable Kosten, die auf der Individualität des Unternehmens basieren.
- Durch einen kleineren Overhead im Mittelstand kann kostensparender gearbeitet werden als im Konzern.
- Prozessoptimierungen schaffen schlankere Strukturen und kostengünstigeres Handeln.
- Kein Unternehmen hat die Verpflichtung wirtschaftlich zu arbeiten, manche Aufträge können von Sicherheitsunternehmen unbedingt gewollt sein. Durch Quersubventionierungen über alle Aufträge kann wirtschaftlich gearbeitet werden und Gesetze eingehalten werden.
- „Local Heros" haben oftmals ein besseres (regionales) Netzwerk zu Behörden als bundesweit agierende Sicherheitskonzerne. Große Unternehmen müssen sich breit aufstellen, während sich Kleinunternehmen regional spezialisieren können (wenn erstere nicht sowieso mit den kleineren Unternehmen als Subunternehmen zusammenarbeiten).

Eine Preisdiskussion wird daher nicht zu vernachlässigen sein, wenn man beispielweise Kosten und Kosteneinsparungen vergleicht. Für das folgende Beispiel soll mal eine tägliche Nachtbesetzung von 8 Stunden (bei durchschnittlich 30,5 Tagen betrachtet werden – Gesamtstunden dadurch 244 h):

Preis um _X_ Cent günstiger/h	Kosten-reduzierung/Monat	Kosten-reduzierung/Jahr
5 Cent/h	-12,20 €	-146,40 €
50 Cent/h	-122 €	-1.464 €
1 €/h	-244 €	-2.928 €
2 €/h	-488 €	-5.856 €

Die Preisdifferenz in den Angeboten ist also eine nicht zu vernachlässigende Komponente in der Bewertung dieser[58], kann daher nicht pauschal in einem Kontext „schlechte Qualität durch billigen Preis" beantwortet werden.

Von dieser Grundsatzdiskussion müssen wir also in der Ausschreibung und der Vergabe wegkommen, was ausschließlich dadurch erreicht wird, wenn der Preis keine Rolle spielt. Dies erreichen Sie als Verantwortlicher lediglich dadurch, wenn die objektiven Anforderungen an die Dienstleistung so eindeutig und überprüfbar formuliert werden, dass sich der Auftragnehmer an den Anforderungen messen lassen muss:

---

[58] Weitergehende Informationen finden Sie in der Podcast-Folge der **Sicherheitsphilosophen** auf YouTube, Spotify, Google Podcasts mit dem Titel: **„Sonderfolge: Niedriger Preis gleich schlechte Qualität?"**. Abzurufen über: https://youtu.be/TYO6_mM_bjM

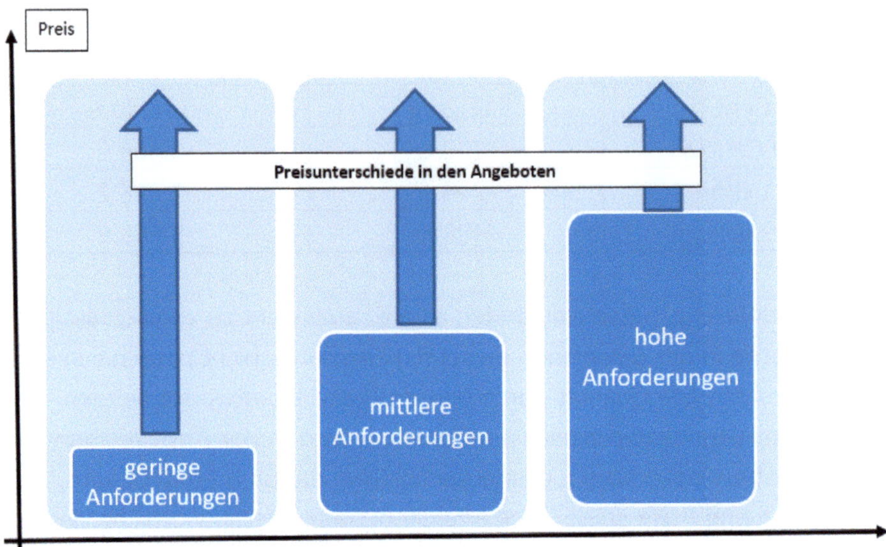

Abbildung 5 Zusammenhang von Preis und Qualitätsanforderungen (eigene Darstellung)

Durch die Präzisierung der Anforderungen erhöht sich der niedrigmöglichste Angebotspreis für jeden Bieter, da jeder Faktor einer Dienstleistung eingepreist wird:

Keine Präzisierung	Deutliche Präzisierung
Jogginghose: 7€	Anzug: 70€
Keine Sprachkenntnisse: 0€	Englisch B2: +1,50€/h
Keine Technik: 0€	Funkgeräte: 70€/Einsatz

Wie das konkret aussieht, zeigt das nachfolgende Szenario.

Szenario:
Benötigte Beauftragung von Freitag 20 Uhr bis Montag 07 Uhr in der Nachtschicht – Grund: zwei Klassenfahrten mit Schülern im Alter von 14 bis 17 Jahren im Hotel.

Unspezifische Anfrage	Qualitätsvolle Anfrage
Sehr geehrte Damen und Herren, wir benötigen bitte 1x Security ab kommenden Freitag 20 Uhr bis Montag 07 Uhr in der Nachtschicht. Bitte erstellen Sie ein Angebot. Mit freundlichen Grüßen, XXX	Sehr geehrte Damen und Herren, Bitte übersenden Sie uns ein Angebot für die Erbringung eines stationären Kontrolldienstes in Form eines Sicherheitsmitarbeiters jeweils in den Nachtschichten von 20 bis 7 Uhr ab kommenden Freitag bis Montag 7 Uhr (3 Dienste). Hintergrund ist die parallele Anwesenheit von 2 Schulklassen (Alter: 14 bis 17 Jahre) in unserem Haus. Bisherige Erfahrungen haben gezeigt, dass es vermehrt zu Lärmbelästigungen, Störung von anderen Gästen und unkontrolliertem Alkoholgenuss kommt. Der eingesetzte Mitarbeiter soll folgende Aufgaben übernehmen: • Deeskalierendes Verhalten • Einhaltung der Hausordnung • Reduzierung von Gästebeschwerden durch präventives und durchsetzendes Auftreten

	Der Mitarbeiter soll bitte seinen Dienst in einem dunklen Anzug (gerne auch als Sicherheitsmitarbeiter erkennbar) versehen, kommunikativ sein und einem 3-Sterne-Haus angemessen auftreten. Es wäre schön, wenn der Mitarbeiter bereits Erfahrung in der Hotellerie aufweisen könnte. Die Einweisung in das Haus erfolgt durch unsere eigene Nachtschicht. Als Ansprechpartner steht Ihnen Herr XXX für Detailbesprechungen unter der Rufnummer 030/... zu Verfügung. Mit freundlichen Grüßen, XXX
Ergebnis als Interpretation des Dienstleisters (überspitzt dargestellt)	
<ul><li>1x Security</li><li>Muskelbepackt</li><li>Sonst als Türsteher im Einsatz</li><li>Schwarzes T-Shirt mit Aufdruck „Security"</li><li>Jeans</li><li>Deeskalation und Kommunikation ist ein Fremdwort</li></ul>	<ul><li>Durch eine Beschreibung der Problemstellung erhält der Dienstleister die Möglichkeit der korrekten Auswahl des Sicherheitsmitarbeiters bzw. der Beurteilung des Auftrages</li><li>Es kommt zu einem Kundengespräch und der Erstellung einer Dienstanweisung</li><li>1x Sicherheitsmitarbeiter, der</li><li>Sonst bei anderen Hotellerie-Kunden eingesetzt wird,</li><li>Geschult in Deeskalation und im Umgang mit Menschen ist</li></ul>

	• Anzugträger mit einem Anstecker des Sicherheitsdienstes am Revers

Für Sie als Verantwortlicher ergibt sich aus diesem Beispiel die Frage der Konkretisierung und das Hinterfragen, ob das Bild und die persönliche Vorstellung mit den niedergeschriebenen Aspekten übereinstimmen. Gehen Sie nicht davon aus, dass der Auftragnehmer und Sie dasselbe Verständnis haben und konkretisieren Sie Ihre Aussagen: Der Auftraggeber wird das für ihn günstigste aus Ihren Anforderungen interpretieren, wie das folgende Beispiel zeigen soll:

"Der Auftragnehmer ist verpflichtet seinen Mitarbeitern regelmäßige Schulungen zukommen zu lassen. Zudem sind Sprachkenntnisse in Englisch wünschenswert!"	
• Was bedeutet Regelmäßigkeit? • Welche Schulungen sind gewünscht? • Welches Level der Sprachkenntnisse muss erreicht werden? • Wünschenswert heißt nicht verpflichtend!	
Positive Auslegung:	**Negative Auslegung:**
• Schulung einmal im Quartal • Der Dienstleister prüft den individuellen Schulungsbedarf anhand der Leistungsvereinbarung und legt dem Kunden ein Schulungskonzept zur Abstimmung vor • Alle Mitarbeiter können ein Sprachniveau C1 gem. Gemeinsamer Europäischer Referenzrahmen (GER) nachweisen	• Einmal im Jahr • Gesetzlich verpflichtete Schulung/Unterweisung im Arbeitsschutz • Sprachkenntnisse in Englisch sind halt auch „Hello" und „Goodbye"

Aber auch hier möchte ich noch einmal betonen: Es kommt auf die identifizierten Risiken an – wenn Sie in Ihrem Haus eine Mallorca-Party durchführen, dann brauchen Sie vielleicht weniger den Anzugsträger, als denjenigen, der auch mal zupacken und einen betrunkenen, aggressiven Gast vor die Tür setzen kann.

5.5 NACHWEISE DER SICHERHEITSDIENSTLEISTER

Das Kernelement der Sicherheit ist immer Vertrauen und das sollten Sie in Ihren Dienstleister auch haben. Nichtsdestotrotz kann durch objektive Anforderungen an die Übersendung von Unterlagen bei der Angebotsabgabe dieses verstärkt werden. In Abhängigkeit der Größe des Auftrages sollten Sie sich folgende Dokumente vorlegen lassen:
- Gewerbezentralregisterauszug
- Unbedenklichkeitsbescheinigung des Finanzamts
- Unbedenklichkeitsbescheinigung mindestens eines Sozialversicherungsträgers
- Datenschutzverpflichtungserklärung entsprechend geltender Datenschutzgesetze
- Verschwiegenheitserklärung für die eingesetzten Mitarbeiter
- Gewerbeerlaubnis nach § 34a GewO

Hinweis: Wofür gilt die Erlaubnis? Das Dienstleistungsangebot kann durch die zuständige Gewerbebehörde eingeschränkt werden, sodass nicht alle Aufgaben übernommen werden dürfen.

- Zertifizierung nach Qualitätsstandards wie ISO 9001 und bzw. oder DIN 77200 und anderen branchentypischen Vorschriften

Hinweis: Beachten Sie, dass es trotz der gesetzlich gering-regulierten Vorgaben für bestimmte Tätigkeiten eindeutige Vorgaben existieren, die sich vor allen in den VdS-Vorschriften wiederfinden lassen:
- VdS 3427 – Richtlinien für die Zertifizierung von Sicherungsdienstleistungen gemäß DIN 77200

- VdS 2172 – Anerkennung von Wach- und Sicherheitsunternehmen, Interventionsstellen (IS), Verfahrensrichtlinien
- VdS 3507 – Prüfende Stellen für die Schulung und Wissensfeststellung von Interventionskräften, Liste
- VdS 3519 – Merkblatt: Gleichwertigkeit der Personal-Qualifikationen für L-/NSL-FK und IK
- VdS 3137 – Zertifizierung von Alarmempfangsstellen (AES) gemäß DIN EN 50518, Verfahrensrichtlinien VdS 3138-1 – Notruf- und Service- Leitstellen (NSL), Teil 1: Anforderungen
- VdS 3138-2 – Notruf- und Service- Leitstellen (NSL), Teil 2: Verfahren für die Anerkennung von NSL und Alarmprovidern (AP)
- VdS 3177 – AGB der VdS Schadenverhütung GmbH für Dienstleistungen des Bereichs Produkte und Unternehmen
- VdS 3138-2 Anh. D1 – Auftragsformular NSL
- VdS 3138-2 Anh. D2 – Auftragsformular AP
- VdS 3138-2 Anh. A – Liste der im Alarmdienst eingesetzten (leitenden) Fachkräfte
- VdS 2237 – Prüfungsordnung für die Prüfung von Fachkräften von Wach- und Sicherheitsunternehmen
- VdS 3853 – VdS-Richtlinien für den Nachweis zur Qualifikation als L-NSL-FK und NSL-FK sowie als IK
- VdS 3519 – Merkblatt: Gleichwertigkeit der Personal-Qualifikationen für L-/NSL-FK und IK
- VdS 3427 – Richtlinien für die Zertifizierung von Sicherungsdienstleistungen gemäß DIN 77200

Diese können unter Umständen auch relevant für spezifische Nachweise sein und durch Zertifikate nachgewiesen werden müssen.

- Erklärung zur Einhaltung des gesetzlichen/tariflichen Mindestlohnes

Hinweis: Eine Erklärung kann nicht ausreichend sein, ggf. müssen Sie als Auftraggeber nachweisen können, dass Sie sich über die Zahlung des Mindestlohns an die Mitarbeiter dokumentiert vergewissert haben.

- Haftpflichtversicherungen gemäß § 14 Bewachungsverordnung (BewachV):
    - für Personenschäden: 1 000 000 Euro,
    - für Sachschäden: 250 000 Euro,
    - für das Abhandenkommen bewachter Sachen: 15 000 Euro,
    - für reine Vermögensschäden: 12 500 Euro.

Hinweis: Beachten Sie, dass Pflichtversicherungen unterhalb des tatsächlichen Risikos liegen können. Zum Beispiel findet in Ihrem Hotel die Ausstellung von Schmuck (z.B. Diamanten-Colliers) im Wert von 1,5 Millionen statt, für die eine Bewachung benötigt wird. Dann ist der Dienstleister mit 250 000 € unterversichert und gegebenenfalls werden Sie auf einem Schaden sitzen bleiben.

- Darlegung des Umsatzanteils der angefragten Dienstleistung im Verhältnis zu den Umsätzen des letzten, abgeschlossenen Geschäftsjahres

Hinweis: Dadurch erfahren Sie, ob der Dienstleister Erfahrung in der von Ihnen gewünschten Dienstleistung hat und in welchem Umfang.

- Referenzen von vergleichbaren Aufträgen, die nicht älter als 5 Jahre sind

Hinweis: Die Darlegung des Umsatzanteils kann durch Kundenreferenzen ergänzt werden, bei denen die Möglichkeit besteht, direkt mit anderen Auftraggebern in Kontakt zu treten.

- Kennzahlen – z.B.:
    - Krankheitsquote
    - Fluktuation

- o Altersdurchschnitt
- o Ausbildungsquoten
- o Verteilung m/w/d

Darüber hinaus können Sie weitere schriftlich-dokumentierte Verfahren zu den folgenden Aspekten abfragen:

- Personalrekrutierung
- Erstellung von Dienstanweisungen
- Qualifikation und Weiterbildung
- Beschwerdemanagement
- Dokumentation, Melde- und Berichtswesen

Hinweis: Vernachlässigen Sie nicht das Berichtswesen – operativ (zu Ereignissen bzw. Protokollierung des Dienstes) und administrativ (IST-/SOLL-Abgleich der Stunden, des Qualitätsmanagements, etc.). Vor allem bei Gastbeschwerden sollten Sie wissen, welches Ereignis dieser Beschwerde zu Grunde liegt, um schnell zu reagieren. Nach Nachtdiensten müssen Sie davon ausgehen, dass der eingesetzte Mitarbeiter mindestens die nächsten 8 Stunden nicht erreichbar ist.

5.6 ERWEITERTE ANFORDERUNGEN AN DEN SICHERHEITSDIENSTLEISTER

Natürlich können Sie auch weitere Anforderungen stellen, z.B. beim Einsatz von Nachunternehmen (Subunternehmen). Machen Sie sich an dieser Stelle Gedanken, ob die bei Ihnen zu erbringende Dienstleistung durch eigenes Personal des beauftragten Dienstleisters erfolgen oder der Einsatz von Fremdpersonal (Drittunternehmen) gestattet sein soll. Wenn Sie eine Zertifizierung des Dienstleister nach DIN 77200:2017 fordern, darf der Subunternehmeranteil sowieso nicht mehr als 50% betragen.

Eigenleistung des Auftragnehmers	**Einsatz von Nachunternehmern**
Vorteile: • Stammkräfte • Direkter Zugriff des AN bei Schlechtleistung auf die eigenen Personale • Hoher Qualitätsstandard bzw. gemeinsames Qualitätsmanagement • Direktere Kommunikation / geringere rechtliche Herausforderungen, z.B. im Kontext Arbeitnehmerüberlassungsgesetz • Möglicherweise geringere Kosten • Direkte Haftungsansprüche	Vorteile: • Kurzfristige Mehrleistungen möglichen • Höhere Wahrscheinlichkeit von Dienstbesetzungen auch bei Ausfall • Zusätzliche Spezialkompetenz bei besonderen Herausforderungen (Sicherheit- UND Detektivdienstleistungen)
Nachteile: • Kurzfristige Mehrleistungen können nicht erbracht werden • Keine Besetzung von Diensten bei kurzfristigen Personalausfällen	Nachteile: • Zwischen Hauptauftragnehmers und Subunternehmer besteht ein zivilrechtlicher Vertrag, der nur eine begrenzte Durchgriffskraft und ggf. gerichtlich bewertet werden muss • Möglicherweise höhere Kosten (es müssen ja zwei Unternehmen daran verdienen)

	<ul><li>Kein direkter Zugriff bei Schlechtleistung durch den Hauptauftragnehmer – ggf. zivilrechtliche Streitigkeiten bei Mängeln zwischen Auftragnehmer und Subunternehmen</li><li>Durchsetzungsfähigkeit der Haftungsansprüche wird komplexer</li><li>Qualitätsmängel können ausschließlich über eine dritte Partei abgestellt werden</li></ul>

Auch hier sehen Sie, dass es keine pauschale Antwort geben kann, ob Subunternehmer vorteilhaft oder schädlich sind. Darüber hinaus können auch folgende Gesichtspunkte eine Rolle in der Bewertung darstellen:

- Wenn mein Auftrag für einen günstigeren Betrag eh weiterversubt wird, warum sollte ich dann nicht gleich den günstigeren Dienstleister einkaufen?
- Beauftrage ich für einen bundesweiten Auftrag einen Dienstleister mit einem Rahmenvertrag, dann kann dieser, nur einen Ansprechpartner und eine Rechnung administrativ effizienter sein als mehrere Einzelverträge (auch hier: Budgetsicherheit).

Unabhängig der Bewertung der Weitergabe von Aufträgen, sollten Sie von allen beteiligten Unternehmen anreihende organisatorische Anforderungen einfordern:

- Nachbesetzungen oder -gestellung von Kräften (Mobilisierungsplan & Backup, wenn mit geringer Vorlaufzeit zusätzliche Kräfte benötigt werden)

- Anmeldung von Mitarbeitern, Praktikanten, Auszubildende, Werkstudenten durch den Sicherheitsdienstleisters, sofern diese zum Einsatz kommen sollen
- Jour-Fix-Termine / Planungs- und Abstimmungsgespräche zwischen Kunden und Auftraggeber
- Wochen- und Monatsberichte über Dienstausführung, Vorkommnisse und Ergebnisse, die durch das interne Auftragnehmer-Qualitätsmanagement (z.B. durch Kontrollen) festgestellt wurden

Auch die Übersendung von Dienstplänen ist zur Beantwortung der Fragestellung:

Kommt der richtige Sicherheitsmitarbeiter mit dem geforderten Profil zur richtigen Zeit am richtigen Ort zum Einsatz.

Dies führt auch bei Ihnen zur Planbarkeit, Transparenz und Vorhersehbarkeit der Einsätze.
Fordern Sie darüber hinaus einen zentralen und damit persönlichen Ansprechpartner seitens des Auftraggebers.

5.7 PFLICHTEN DES SICHERHEITSDIENSTLEISTERS

Zudem hat der Sicherheitsdienstleister auch einige Pflichten, die Sie kennen sollten:
Der Einsatz von Sicherheitspersonal muss durch den Unternehmer entsprechend der bereits beschriebenen gesetzlichen Vorschriften (siehe „Rechtlicher Hintergrund" Seite 74) erfolgen. Lassen Sie sich die Mitarbeiter mit den entsprechenden Nachweisen persönlich vorstellen. Nutzen Sie die Möglichkeit an der Personalauswahl teilzunehmen, denn am Ende des Tages vertritt auch der Sicherheitsmitarbeiter eines Drittunternehmens Ihr Hotel, Ihre Philosophie und Ihre Werte.

Die Erstellung einer objektspezifischen Dienstanweisung ist gemäß § 17 BewachV Pflicht. Dem Mitarbeiter muss eine detaillierte Aufgabenbeschreibung vorliegen, um seinen Dienst korrekt auszuführen. Hier ist der Hinweis verpflichtend, dass eine Sicherheitskraft nicht über die Befugnisse eines Polizeivollzugsbeamten, oder eines sonstigen Bediensteten einer Behörde verfügt. Diese Anweisung sollte stets mit Ihnen zusammen erarbeitet und regelmäßig überprüft werden.

Wählen Sie zusammen mit dem Auftraggeber die passende Dienstkleidung aus und beachten Sie dabei, dass – auch wenn es verlockend ist – sich die Dienstkleidung gegenüber der Kleidung von Polizisten abgrenzen und unterscheiden muss.

Schusswaffen, Hieb- und Stoßwaffen sowie Reizstoffsprühgeräte dürfen nur mit der Zustimmung des Gewerbetreibenden unter Berücksichtigung der entsprechenden gesetzlichen Auflagen getragen werden.

Ebenso gibt es Anforderungen an die Dienstausweise, dabei sollte zunächst für Sie der Aspekt interessant sein, dass diese stets mit sich zu führen sind.

Auf dem Dienstausweis müssen zwei Nummern vermerkt sein, an denen Sie erkennen, ob der Mitarbeiter bei einem Unternehmen angestellt ist, das zuverlässig gemäß § 34a GewO ist und auch, ob der Mitarbeiter überprüft wurde: Bewacherregisteridentifikationsnummer der Wachperson und des Sicherheitsunternehmens..

5.8 GOLDENE REGELN – KLEINE CHECKLISTE FÜR EINE BEAUFTRAGUNG

Die Seriosität und die Leistungsfähigkeit eines Unternehmers erkennen Sie anhand der nachfolgenden „goldenen Regeln":

1. Machen Sie sich mit dem aktuellen Tariflohn des Sicherheitsgewerbes in Ihrem Bundesland vertraut. Ein angebotener Stundenverrechnungssatz von 14 € bietet bei 10 € Tariflohn für den Mitarbeiter genauso viel Gesprächsbedarf wie ein

Verrechnungssatz von 30 €. Eine Dienstleistung kann also zu billig, aber auch zu teuer sein. Bei beiden sollten Sie nach einer offenen Kalkulation fragen. Als Faustregel für ein wirtschaftliches Angebot kann ein Aufschlag von 65% genommen werden – trotzdem ist es notwendig, dass jedes Angebot individuell geprüft wird.

2. Ein seriös arbeitendes Sicherheitsunternehmen arbeitet transparent. Nicht nur in der Kalkulation liegt Transparenz vor, sondern auch bei der Übersendung von Führungszeugnissen von Geschäftsführern, Gewerbezentral- und Handelsregisterauszügen sowie Unbedenklichkeitsbescheinigungen der Berufsgenossenschaft, von den Finanzbehörden und von mindestens einem Sozialversicherungsträger.

3. Lassen Sie sich an dieser Stelle nicht von Zertifikaten blenden oder beeindrucken. Es gibt für einige wenige Dienstleistungen die Notwendigkeit von Zertifizierungen zum Beispiel bei Alarmaufschaltungen von Einbruchmeldeanlagen. Auch andere Nachweise können interessant sein, so zum Beispiel die Erfüllung der Anforderungen aus der DIN 77200 zur Gestellung von Sicherheitspersonal. Hinterfragen Sie jedoch immer wie das Zertifikat operativ umgesetzt wird und was es für die Arbeit in der Praxis bedeutet.

4. Suchen Sie den persönlichen Kontakt mit einer Auswahl an Dienstleistern, die Ihnen möglicherweise von Ihren Kollegen aus anderen Häusern empfohlen wurden. Fordern Sie in den Bietergesprächen Lösungsangebote, indem Sie Ihr Problem schildern oder Ihre Zielstellung, die Sie mit dem Einkauf der Dienstleistung erreichen wollen. Ich möchte Ihnen ein Beispiel geben: Der Einkauf von Sicherheitspersonal ist vergleichbar mit dem Besuch eines Restaurants. Fragen Sie nach zwei Sicherheitsmitarbeitern, bekommen Sie zwei Sicherheitsmitarbeiter – nehmen Sie das erstbeste Gericht der Karte, bekommen Sie auch dieses. Sprechen Sie aber mit dem Kellner, fragen nach der

Spezialität oder einer Empfehlung des Hauses, werden Ihre Erwartungen möglicherweise übertroffen.

Genauso ergeht es Ihnen mit Ihrem Dienstleister, wenn Sie ihm sagen, was Sie brauchen. Lassen Sie ihn aktiv mitarbeiten und finden Sie gemeinsame Lösungsansätze. Was hilft es Ihnen, wenn die Lobby bewacht ist, aber der Hintereingang stets offensteht. Über die Ansätze in dem Konzept erfahren Sie auch etwas über die Qualität des Unternehmens.

5. Machen Sie sich Gedanken darüber was Sie benötigen. Das ist wohl die schwerste Aufgabe überhaupt, denn Sie müssen sich bewusst machen, was Ihre Sicherheitslücken, Risiken und Sicherheitsziele sind. Dafür benötigen Sie ein Sicherheitskonzept, für das Sie sich – je nach Umfang der Risiken oder Erfahrungen aus der Vergangenheit – auch externe Hilfe dazu holen können.

   Führen Sie Ihre Gedanken weiter aus, wenn Sie an personelle Dienstleistung denken, welcher Typ Mensch passt in Ihr Haus. Benötigen Sie den „Türsteher-Typen", der tatsächlich auch zum Einsatz kommen darf, wenn es primär um den abschreckenden Charakter geht, da die Lage des Hotels beispielsweise ungünstig ist oder es bereits zu körperlichen Übergriffen kam. Oder benötigen Sie den dezenten, unauffälligen „007-Agenten", der serviceorientiert immer dann in den Vordergrund tritt, wenn er benötigt wird, sonst aber in der Mengen Ihrer Gäste untertaucht?

6. Lassen Sie nach Auftragsvergabe den Dienstleister nicht allein beginnen. Begleiten Sie ihn in den ersten Tagen der Auftragsübernahme, denn der Dienstleister muss Sie und Ihre Arbeitsabläufe kennenlernen, genauso wie Sie die Schnittstellen, Informations- und Kommunikationswege definieren müssen.

7. Beauftragung und Vertragsabschluss: Sie sollten sich grundsätzlich bestmöglich aufstellen. Ein Dienstleister benötigt Planungs- und Budgetsicherheit und wird versuchen einen möglichst langfristigen Vertrag abzuschließen. Meine Empfehlungen hierfür sind:

Vereinbaren Sie eine ausreichend lange Probezeit. Schließen Sie den Vertrag auf eine Laufzeit von einem Jahr ab. Sie können dem Sicherheitsdienstleister entgegenkommen und eine automatische Verlängerung nach dem ersten Jahr anbieten, sofern Sie nicht 3 Monate zum Vertragsende kündigen. Nach der Verlängerung sollte eine Kündigungsfrist unter 3 Monaten zum Monatsende vereinbart werden.

Wenn Sie nun glauben, dass der Aufwand übertrieben ist, selbst wenn Sie nur für ein paar Stunden einen Dienstleister buchen? Dann denken Sie an den Generalauftrag des Sicherheitsgewerbes: Schutz von Ihrem Eigentum, Leib, Leben und Gesundheit Ihrer Mitarbeiter und Gäste. Führen Sie den Gedanken noch ein Stück weiter: Ein Gast unterscheidet in den seltensten Fällen zwischen Fremdfirma und Ihren Mitarbeitern, der Sicherheitsmitarbeiter wird somit zum Aushängeschild Ihres Unternehmens. Sie sollten bei dieser wichtigen Aufgabe wirklich nichts dem Zufall überlassen.

5.9 MERKMALE EINER QUALITATIV-HOCHWERTIGEN AUSFÜHRUNG

Die Erfüllung aller zuvor genannten rechtlichen Anforderungen definiert grundsätzlich einen Sicherheitsdienstleister. Es ist jedoch in einem erheblichen Maß diskutabel, ob bei den beschriebenen Mindestanforderungen überhaupt von Qualitätsmerkmalen gesprochen werden kann. Die Erfüllung dieser soll dennoch das erste allgemeine Qualitätsmerkmal darstellen. Dies liegt vorrangig an Kapitel 1.4 der Allgemeinen Verwaltungsvorschrift zum Vollzug des § 34a der Gewerbeordnung und zur Bewachungsverordnung (BewachVwV): Es liegt nämlich keine Sicherheitsdienstleistung nach § 34a GewO vor, wenn „von einem Gewerbetreibenden im Rahmen seines Geschäftsbetriebes eine Bewachungstätigkeit als Nebenleistung erbracht" wird. Weiterhin bezieht sich die Erlaubnis eine Bewachungsdienstleistung zu erbringen ausschließlich auf diejenigen Tätigkeit, die der Antragsteller in seiner

Erlaubnis der § 34a-Behörde erhalten hat (Kapitel 2.3 BewachVwV). Von daher kann als zweites allgemeines Qualitätsmerkmal die Erbringung von Bewachungsdienstleistung als Haupttätigkeit eines Unternehmens und somit angemeldeter Gewerbetätigkeit genannt werden. Nur hier können Sie davon ausgehen, dass die Kompetenz, Qualifikation und Professionalität für diese spezifische Aufgabe vorliegen.

In der Literatur hört es da aber im Wesentlichen mit den Key Performance Indicators (KPI) schon auf. Sicherlich werden Eigenerklärungen und Nachweise (beispielsweise eine ISO 9001-Zertifizierung) diskutiert, jedoch auch ganz offen die Frage nach dem Mehrwert eines Zertifikates gestellt, welches heutzutage praktisch von fast jedem Unternehmen nachgewiesen werden kann. Jetzt könnte man sagen, dass genau diese Zertifikate doch dafür gedacht sind, eine qualitativ-hochwertige Dienstleistung zu erfüllen. Genauso ehrlich ist aber auch, dass eine Sicherheitsdienstleistung in den Räumlichkeiten des Kunden gebracht wird. Der Dienstort von Sicherheitskräften ist selten beim Arbeitgeber selbst. Bei mehreren hundert bis tausend Mitarbeiter werden Qualitätshandbücher und Managementvorgaben aus der „Zentrale" in Einzelstandorte schwierig zu vermitteln sein.

Leistungsindikatoren, wenn sie sich nicht an ROSI-Parameter (siehe „Kosten von Sicherheitsmaßnahmen" Seite 107) anlehnen, sehe ich ebenfalls schwierig, denn die Frage nach der Prävention können selten objektiv und nur mit einem hohen Aufwand beantwortet werden:

- Wie kann Prävention messbar gemacht werden?
- Können Sie oder der Dienstleister nachweisen, dass durch die Präsenz von Sicherheitsmitarbeitern Täter abgeschreckt wurden?

Im Umkehrschluss gilt aber auch, sollten die Diebstähle trotz eingeleiteter Maßnahmen auf einem konstant hohen Niveau bleiben, gilt es das Konzept sowie die erbrachte personelle Leistung zu hinterfragen.

Nichtsdestotrotz gibt es einige Möglichkeiten die Leistungserbringung zu bewerten. Fundamentaler Aspekt ist hier die Befragung und Einbindung von

Mitarbeitern und Gästen. Durch Befragungen von Wirkung, Veränderungen und Mehrwert kann ein permanentes Feedback eingeholt werden. Vor allem Stammgäste können hier einen Vorher-Nachher-Vergleich anstellen und die Entwicklung bewerten. Aber auch das eigene Personal kann darlegen, ob sich eine Dienstleistung positiv auf das eigene Sicherheitsgefühl auswirkt. Diese Befragungen sollten jedoch mit einem entsprechend großen zeitlichen Abstand durchgeführt werden, damit die Maßnahme sich auch völlig entfalten kann.

Für Sie als Auftraggeber können Service Level Agreements (SLA) relevant sein. In Ihrer Leistungsbeschreibung als Anlage zu Dienstleistungsverträgen werden Anforderungen zur Erbringung der Sicherheitsdienstleistung definiert, die objektiv-messbar über die Vertragslaufzeit nachgehalten werden können.

Zu solchen messbaren Kriterien können beispielsweise zählen:
- Erbringung Qualifikationsnachweisen
- Vorstellung vor dem Einsatz des Mitarbeiters beim Kunden
- Einhaltung abgesprochener administrativer Maßnahmen (Aktualität der Dienstanweisung, Audits, JF-Termine)
- Reaktionszeiten zur Nachbesetzung und Beschwerdemanagement
- Anzahl eingesetzter Vollzeitkräfte
- Korrektheit der Rechnungen
- Etc.

Diese SLAs bewerten meistens die Leistung der Führungskräfte und können nur schwerlich die operativ erbrachte Dienstleistungsqualität der eingesetzten Mitarbeiter bewerten.

Zur Bewertung der Mitarbeiter können ergänzend beispielsweise folgende Kennzahlen herangezogen werden:
- Pünktlichkeit der Mitarbeiter
- Anzahl und Qualität der eingereichten Berichte
- Beschwerden zum Mitarbeiter und das Ergebnis der Auswertung
- Kenntnisse zum eingesetzten Objekt und zur Dienstanweisung

- Korrektheit der Dienstbekleidung
- Umgang mit Gästen und Mitarbeitern

Die Erfüllung der Anforderung kann in einer Bewertungsmatrix nachgehalten werden, wobei die Leistungserfüllung gemäß Vertrag 100% entspricht.

5.10 VERTRAGSSTRAFEN ODER BELOHNUNGEN?

Immer häufiger hat sich etabliert, dass Vertragsstrafen und bzw. oder Belohnungen vertraglich festgehalten werden. Dabei werden teilweise Belohnungen bereits ausgesprochen, wenn der Dienstleistungsvertrag zu mehr als 80% erfüllt wird (so zum Beispiel im Rahmen einer Ausschreibung 2019 an einem Flughafen in Nordrhein-Westphalen). Dies halte ich für kritisch, beschreibt doch die vertragliche Vereinbarung einen Zustand von 100% Leistung, die durch den Stundenverrechnungssatz längst bezahlt wird. Wie fraglich das ist, erfahren wir erneut über ein branchenfremdes Beispiel: Sie kaufen für 1,99 € eine abgepackte Tüte Salat (100 g) im Supermarkt. Würden Sie am nächsten Tag zum Verkäufer gehen und noch einmal 1 € zusätzlich bezahlen, weil wirklich 100g frischer Salat ohne Fäulnis oder braunen Stellen in der Tüte waren? Oder zahlen Sie bereits dafür 1,99€, dass sie diese Erwartung haben dürfen?

Für eine Prämie bin ich jedoch konsequent, wenn der Dienstleister und seine Mitarbeiter konstant eine übervertragliche Leistung erbringen. Hier sollte eine Anerkennung der Leistung – natürlich unter Beachtung der geltenden Gesetze – erfolgen.

Im Umkehrschluss befürworte ich die Festschreibung von Pönalen, wobei dies keine Vorverurteilung voraussetzen muss. Es ist im Grunde die Betonung von besonders wichtigen Aspekten eines Vertrages, sollten diese nicht erfüllt werden, muss der Auftragnehmer eine Vertragsstrafe zahlen. So kann die Bedeutung - beispielweise die Besetzung einer Position - mit einer (verhältnismäßigen) Pönale hervorgehoben werden. Dagegen hat sich ein Dienstleister auch nicht vehement zu wehren, sofern er nicht davon ausgeht, dass er die Leistung nicht vertragsgemäß erfüllen kann.

Pönalen bieten Ihnen auch einen egoistischen Vorteil: Sollte der Dienstleister einen kurzfristigen Personalengpass haben, dann wird dieser in einer betriebswirtschaftlichen Abwägung möglicherweise die Dienstleistung in Ihrem Hotel bevorzugt erbringen.

6.0 KOSTEN VON SICHERHEITSMAßNAHMEN

Sicherheit kostet Geld, darüber müssen wir uns an dieser Stelle einig sein. Doch können angestrebte oder implementierte Sicherheitsmaßnahmen überhaupt betriebswirtschaftlich erfasst werden? Kann der Mehrwert der implementierten oder angestrebten Maßnahmen überhaupt messbar gemacht werden?

Dadurch, dass Sicherheit keinen anfassbaren Bestandteil der Wertschöpfungskette wie z.B. ein Motor in der Autoproduktion darstellt, kann das Ergebnis über das ROSI-Modell errechnet werden. ROSI steht dabei für „Return on Securityinvestment" und beschreibt den Zusammenhang von Kosten aus Sicherheitsvorfällen und Kosten für implementierte Sicherheitsmaßnahmen:

$$ROSI = \frac{(Kosten\ aus\ Gef\ddot{a}hrdungspotential * Risikominimierung\ [in\ \%]) - Kosten\ f\ddot{u}r\ Sicherheitsl\ddot{o}sungen}{Kosten\ f\ddot{u}r\ Sicherheitsl\ddot{o}sungen}$$

Dazu ein Beispiel:

In einem Hotel werden regelmäßig bei Veranstaltungspausen Wertgegenstände in Höhe von 5.000 € von sich einschleichenden Tätern aus den Veranstaltungsräumen entwendet. Bei 20 relevanten Veranstaltungen im Jahr beträgt daher der monetäre Gesamtschaden 100.000 €. Der Sicherheitsmanager möchte nun durchsetzen, dass bei Veranstaltungen zusätzlich ein Sicherheitsmitarbeiter beauftragt wird, der den Zugang zum Veranstaltungssaal überwacht und nur akkreditiere Teilnehmer einlässt. Dadurch sollen zu 100 % externe Täter von der Straftatbegehung abgehalten werden. Diese Sicherheitslösung kostet je Veranstaltungstag ca. 200 €. Der Direktor ist von dieser Maßnahme nicht überzeugt, da er den Mehrwert nicht sieht.

$$ROSI = \frac{(5.000\ \text{€} * 20 * 100\%) - (200\ \text{€} * 20)}{(200\ \text{€} * 20)} = \frac{100.000\ \text{€} - 4.000\ \text{€}}{4.000\ \text{€}} = 2.400\ \%$$

Dieses einfache Beispiel zeigt einen eindeutigen Wert, der einen sehr hohen Kosten-Nutzen-Faktor aufweist (2.400%). Dieses Ergebnis kann weiterführend präzisiert werden, indem zusätzliche Faktoren auf Seiten des Gefährdungspotentials hinzugerechnet werden. Exemplarisch könnten zudem weitere Ausfallkosten hinzukommen, indem der Veranstalter zukünftig ein anderes „sicheres" Hotel bucht, potenzieller Gästeverlust, da bestohlene Veranstaltungsteilnehmer auch nicht mehr privat die Beherbergungseinrichtung besuchen und negative Hotelbewertungen potenzielle Kunden abhalten.

Diese Variante der Argumentation verlangt eine intensive Auseinandersetzung mit den potentiellen Risiken, die auf ein Hotel einwirken können im Rahmen eines Sicherheitskonzeptes (Kapitel 2.3 „Risiken von Beherbergungsstätten" Seite 33). Das ROSI-Modell ist somit auch reflexiv und kann zur Überprüfung der Risiken und der entgegengesetzten Maßnahmen verwendet werden.

Nehmen wir folgendes Beispiel an: Der Sicherheitsmanager eines Hotels möchte ein Sicherheitssystem implementieren, welches in der Anschaffung 200.000 € kostet. Ziel der Maßnahme ist die Begrenzung von Sachbeschädigungen, die im Jahr maximal viermal in Höhe von 3.000 € je Vorfall vorkommen – der Rückgang soll 75 % betragen. Der Return würde hier -95,5 % betragen, folglich eine völlig übertriebene Investition.

Die Anwendung des Modells verlangt die Beschäftigung mit den identifizierten Risiken sowie der Zielstellung (siehe „Risiken von Beherbergungsstätten" Seite 33). Der Securitymanager hat im letzten Beispiel einen wesentlichen Fehler gemacht: Bei allen Straftaten können weitere Kosten eingerechnet werden: Bei z.B. Sachbeschädigungen stellen eine Kameraüberwachung und eine ausreichende Beleuchtung eine adäquate Sicherheitsmaßnahme zum Teil auf kostenintensiver Basis dar.

Wobei auch höhere Kosten entstehen können: die primären und sekundären Kosten. Die primären Kosten setzen sich aus den Kosten der direkten Beschädigung zusammen: Kosten aus dem Schaden, Ausfallschaden (z.B. Umsatzverlust) und das Produkt aus den Kosten zur Schadensregulierung (Anzahl der Handwerker, Stundenverrechnungssatz und Zeitansatz). Die sekundären Kosten beschreiben die Arbeitsausfälle der eigenen Mitarbeiter, Imageverluste, Buchungsrückgänge oder weitere Folgekosten.

Oben genannte Formel kann also letztendlich noch detaillierter aufgeschlüsselt werden:

$$Schaden = \left(direkte\ Schadenskosten + Umsatzausfall + (Arbeitsstunden * Kosten\ je\ Stunde * Zeitansatz)\right)$$
$$+ (Stunden\ Mitarbeiterausfall * Lohn * Zeitansatz)$$

Das vorteilhafte an diesem Modell ist, dass auch bei der Betrachtung einer Sicherheitsmaßnahme, die präventiv auf mehrere Straftatbereiche einwirkt, die Argumentation zusammengefasst werden kann:

Straftat 1 – Sachbeschädigung	Straftat 2 – Diebstahl
Schaden: 5.000 € Häufigkeit: 6-Mal im Jahr Angenommene Wirksamkeit: 75 %	Schaden: 1.500 € Häufigkeit: 15-Mal im Jahr Angenommene Wirksamkeit: 80 %

Auch wenn ROSI ein ausgezeichnetes Tool zur betriebswirtschaftlichen Bewertung von Sicherheitsmaßnahmen im Verhältnis zu Sicherheitsrisiken ist, so darf es nicht als einziger Parameter eingesetzt werden. Nicht alle Risiken sind monetär zu bewerten und können daher in die Berechnung einfließen. Ein nicht betriebswirtschaftlich zu erfassender Aspekt (z.B. Prävention oder subjektive Sicherheit) bedeutet nicht automatisch, dass das Risiko nicht existiert und deshalb keine Maßnahmen implementiert werden müssen.

7.0 KONKRETE SICHERHEITSEMPFEHLUNGEN

Jetzt werden Sie sich nun fragen, was konkrete Sicherheitsempfehlungen für Ihr Sicherheitskonzept sind. Und Sie werden aber auch schon festgestellt haben, dass ich ein Fan von organisatorischen Maßnahmen bin. Von daher ist vor den personellen und technischen Maßnahmen die Organisation des Arbeitsablaufes hinsichtlich einer sicheren Arbeitsumgebung bedeutsam.

7.1 SICHERHEIT DURCH KONKRETE ARBEITSABLÄUFE

Warum muss man das Rad immer neu erfinden? Viele Methodiken zu Abläufen sind bereits in anderen Normen beschrieben und werden durch Ihr Haus möglicherweise bereits genutzt. So zum Beispiel auch der PDCA-Zyklus, Ihnen vielleicht aus der ISO 9001-Zertifizierung oder dem Projektmanagement bekannt. Nutzen Sie dieses Schema für die Herangehensweise an ein sicheres Arbeitsumfeld:

- **P**lan – Planung und Vorbereitung von Maßnahmen im Vorfeld
- **D**o – Maßnahmen und Durchführung von Maßnahmen zur Erhöhung der Sicherheit
- **C**heck – Nachbereitung von Ereignissen
- **A**ct – Reaktion auf Ereignisse und Anpassung der Maßnahmen

Plan – Erwartungen und Vorgaben der Leitung

Die Herstellung von Handlungssicherheit beim Mitarbeiter bedeutet für den Mitarbeiter weniger Überlegen in einer Situation, die sowieso schon unklar ist und aufgrund des Stresslevels eine vollständige Konzentration auf den eigentlichen Sachverhalt erfordert.

Aus diesem Grund ist es wichtig, dass eindeutige Vorgaben existieren, wie mit bestimmten Situationen umgegangen werden soll. Dazu sollten zählen:

- Umgang mit Gästen/potentiellen Gästen, die im Hotel eine Straftat begangenen haben (z.B. Sachbeschädigungen, Einmietbetrug)

- Umgang mit Gästen, die sich auffällig benehmen (z.B. Alkohol-/Drogenkonsum, extreme Lautstärke)
- Aussprechen von Hausverboten (Eskalationsstufe)
- Eskalationsstufen für Polizeieinsätze
- Umgang mit Bedrohungen und Drohungen (gegen die eigene Person, aber auch beispielsweise mit schlechten Bewertungen)
- Umgang mit Notfallsituationen (z.B. Brandalarm, Räumung, Bombendrohung)
- Umgang mit Notsituationen (z.B. Raubüberfall, Verletzungen von Mitarbeitern (Dienstabbrüchen – psychologische Notfall-/Traumavorsorge))

Aus der Erfahrung heraus haben viele Mitarbeiter Hemmungen Maßnahmen einzuleiten, wenn Sie die Befürchtung haben, dass diese durch Vorgesetzte im Nachhinein kritisiert werden können. Dies ist auch nachvollziehbar, lautet das ständig vorgetragene und zu lebende Mantra „Der Gast ist König!" und ist das permanente Ziel doch ein volles Haus. Dies wird vor allem in den Situationen zu einem Sicherheitsproblem, in denen eine Deeskalation durch das Aufzeigen von Konsequenzen eines weiteren Fehlverhaltens möglich wäre. Mitarbeiter, die Konsequenzen von der Hausleitung fürchten und sich in einer Stresssituation, können nur Fehler machen.

Diesen Bedenken sollte durch die Rückendeckung mit klaren Anweisungen begegnet werden. Ein Hinweis auf klassische Eigensicherungsmaßnahmen der Mitarbeiter (z.B. keine Gefährdung des eigenen Lebens zur Durchsetzung von Maßnahmen) ist absolut notwendig. Schenken Sie Ihren Mitarbeitern Vertrauen.

Führungskräfte-Tipp: In den Jahren der Lage- und Einsatzbewältigung habe ich gelernt, dass man im Nachhinein immer schlauer ist. Das liegt vorrangig daran, dass ich mehr Informationen, mehr Zeit zur Entscheidungsfindung und weniger Stress habe, eine Situation zu bewerten. Entscheidungen von Mitarbeitern können auf Basis der in dem Moment vorhandenen Informationen richtig gewesen sein, sich jedoch später als falsch herausstellen. Wichtig ist der Umgang hiermit auf zwei Ebenen:

Erstens: Der Mitarbeiter muss ermutigt werden, überhaupt eine Entscheidung zu treffen. Und zweitens: Eine lösungsorientierte Nachbereitung mit Lessons Learned im Nachhinein darf nicht zu Vorwürfen führen, sondern muss Elemente der Weiterentwicklung beinhalten.

Plan – Reservierungen und Vorbereitung

Können Sie sich noch an das Beispiel von den Hells-Angels erinnern? Glauben Sie das hat einen Einfluss auf die Vorbereitung?

Definitiv und es zeigt wie wichtig die innerbetriebliche Zusammenarbeit von allen Abteilungen ist. Vor allem größere Häuser haben ihre Prozesse so optimiert, dass sich jede Funktion auf ihre Kernaufgaben konzentrieren kann. Dennoch benötigen alle Bereiche sicherheitsrelevante Informationen. Dazu gehören eine standardisierte Klassifizierung und Gruppierung – zum Beispiel von:

- Fußballfans
- Subgruppierungen (z.B. Rockergruppen)
- Gäste, die zuvor schon einmal Probleme gemacht haben
- VIPs

Dabei ist es von absoluter Bedeutung, dass tagesaktuell gearbeitet wird. Fußball ist dafür ein gutes Beispiel: Haben sich zwei Fangruppierungen vor einem Monat eingebucht und wurde das Fanverhältnis als unproblematisch bewertet, kann durch das dynamische Agieren des Sports die heutige Lage bereits anders aussehen. Eine spontan entwickelte Rivalität kann sich auf das Hotel auswirken. Sie muss es jedoch nicht, wenn es sich vornehmlich um Familien handelt, die bei Ihnen unterkommen.

Gab es vor einigen Jahren (vielleicht sogar Jahrzehnten) eine eindeutige Vorstellung von VIPs, so können sich – zumindest hinsichtlich von zu planenden Maßnahmen – heute auch YouTuber, TikToker oder andere Social-Media-Stars darunter befinden. „VIP" soll an dieser Stelle nicht als das Gäste-Treatment betreffend verstanden werden, sondern ausschließlich hinsichtlich eines zu erwartenden Fanansturms bzw. damit verbundenen Problemen und einzuleitenden Sicherheitsmaßnahmen.

Zu einem organisatorischen Ansatz gehören auch immer mal wieder Aufgaben und Tätigkeiten, die vielleicht fachfremd erscheinen, aber einen erheblichen Einfluss auf die Sicherheit des Hotelbetriebes haben können. So zum Beispiel die Medienrecherche bzw. Medienbeobachtung:

Viele Beherbergungsketten verfügen bereits über einen Veranstaltungskalender, um die Preise entsprechend über den Jahresverlauf anpassen zu können. Zudem gibt es Sonderkontingente für Vereine, Veranstalter oder sonstige Einrichtungen. Man darf nicht vergessen, dass die Eingangstür keine Schleuse zwischen der Außen- und Innenwelt darstellt, sondern dass Konflikte, Emotionen und Ereignisse von außen auch in den Betrieb einwirken. Am plastischsten wird es möglicherweise noch einmal beim Thema Fußball: Ein Sieg kann genauso für Probleme sorgen, wie eine Niederlage – stark alkoholisierte Gäste sowie Frust oder überschwängliche Freude können zu verbalen Beleidigungen, körperlichen Übergriffen und Sachbeschädigungen führen. Es empfiehlt sich also für die jeweilige Schicht, wenn Fans Gast im Haus sind, immer wieder ein Auge darauf zu haben, wie das jeweilige Spiel ausgegangen ist, um zuvor abgestimmte Maßnahmen einzuleiten (z.B. Schließen der Bar, Begrenzung des Alkoholausschankes, etc.).

Aber auch andere Ereignisse werfen oftmals ihren Schatten voraus. Als im April 2010 der isländische Vulkan Eyjafjallajökull ausbrach und der Flugverkehr weitestgehend eingestellt wurde, wurde auch ich von der Tatsache überrascht, dass die Telefone nicht mehr stillstanden. Zudem bildeten sich vor dem Hotel lange Schlangen, da gestrandete Passagiere verzweifelt versuchten eine Übernachtungsmöglichkeit zu bekommen. Wird das Rezeptions-Team hiervon unvorbereitet getroffen, ist Chaos vorprogrammiert. Eine begleitende und kontinuierliche Beobachtung der Medien im Vorfeld hätte dafür sorgen können, dass man sich besser auf bestimmte Herausforderungen einstellen kann (z.B. im Vorfeld festgelegte Aufgabenverteilung und Kommunikationswege).

Do – Dienstantritt

Klare Vorgaben sind auch für den Dienstantritt am wichtigsten, denn das größte Risiko liegt in den Mitarbeitern und Routinen selbst. Die beste Vorbereitung hilft nicht, wenn diese nicht auch konsequent gelebt wird. Jeder Mitarbeiter sollte zu jeder Zeit darüber aussagefähig sein, was in dem Haus gerade geschieht und welche äußeren Einflüsse darauf einwirken können.

Dazu zählt primär die Übergabe zwischen den Schichten, die sich anhand der 8-W-Fragen orientieren sollte: Wer, wann, was, wo, wie, wie viele, warum, wozu. Offene Aspekte sollten geklärt und Probleme direkt angesprochen werden.

Der Dienstübergabe kommt eine besondere Aufgabe zu und sollte – auch wenn sich der eine Mitarbeiter bereits gedanklich im Feierabend befindet und die ablösende Kraft noch nicht ganz angekommen ist - gewissenhaft durchgeführt werden. Neben den betrieblichen Gesichtspunkten sollten auch folgende sicherheitsrelevante Aspekte durchgegangen werden:

- Erkenntnisse der Vorschicht über sicherheitsrelevante Aspekte (Medienrecherche, Veranstaltungen (intern, extern), etc.)
- Berichte über vergangene Ereignisse (z.B. Feueralarm) und anstehende Ereignisse (z.B. geplante Feueralarmübung am kommenden Tag)
- Gäste mit besonderen Bedürfnissen, wie z.B. Rollstuhlfahrer (relevant bei einer notwendigen Evakuierung)
- Auffällige Gäste/Reisegruppen (Parameter: Alkoholkonsum, Lautstärke, Verhalten/Aggression, etc.)
- Änderungen in der Schicht (z.B. Schließung der Bar, Frühstückszeiten)
- Neue Anweisungen zur Dienstausübung

Basis der Übergabe muss sein, dass der größtmögliche Informationsschatz weitergegeben wird. Auskunftsfähig zu sein, strahlt ebenso Sicherheit aus, wie andere organisatorische Maßnahmen, die die Sicherheit verstärken.

Die Dokumentation kann dabei ganz unterschiedlich sein. Idealerweise erfolgt sie schriftlich, beispielsweise in einer vorgegebenen Checkliste, sodass tatsächlich kein Punkt in der Vorbereitung und beim Durchgehen vergessen werden kann.

Sollte es kein dafür gesondertes Personal geben (z.B. Sicherheitsdienst), dann ist auch ein Kontrollgang durch das Haus notwendig.

Do – Dienstdurchführung

Natürlich ist es angenehm und notwendig, dass man sich auch einmal für ein paar Minuten ins Backoffice zurückziehen kann. Jedoch sollte dies aus der Perspektive der Sicherheit zeitlich begrenzt sein und zwar aus mehreren Gründen:

- Eine Präsenz an der Rezeption sowie im Eingangsbereich signalisiert einem potenziellen Täter, dass in diesem Hotel das Personal sensibel darauf achtet, wer das Haus betritt und was im unmittelbaren Nahbereich des Hauses geschieht.
- Neben der zuvor genannten präventiven Abschreckung hat die Sichtbarkeit auch praktische (progressive) Vorteile: Sie können Personen, die Sie nicht kennen oder die Ihnen suspekt erscheinen, sofort freundlich und aufmerksam ansprechen und beispielsweise nach ihrer Zimmerkarte fragen. Ähnlich wie im Einzelhandel beim Ladendiebstahl lassen sich viele Täter schon allein durch eine direkte Ansprache und durch höfliches Nachfragen, ob und wie man Ihnen helfen kann, abschrecken.
- Und schlussendlich: Sie tragen die Verantwortung für das Hotel mit mehreren Dutzend Zimmern sowie Hunderten von Gästen. Da sollte es Ihnen grundsätzlich am Herzen liegen, wer das Haus betritt und verlässt beziehungsweise was in den öffentlichen Bereichen vor sich geht.

Ebenso sollten freie Minuten dafür genutzt werden, dass man sich auf den aktuellen Stand von Dienstanweisungen, Prozessen und Verfahrensanweisungen bringt, prüft ob man Fragen nach dem nächsten

Krankenhaus, der zuständigen Feuerwehr- und Polizeiwache, dem Durchgangsarzt und den Verkehrsstationen des Nah- und Fernverkehrs beantworten kann sowie gedanklich Szenarien durchspielt. Vor allem letzteres ist neben den vorgeschriebenen Ausbildungen wie Erst- und Brandschutzhelfer und regelmäßigen Trainings wie Räumungsübungen enorm wichtig. Hier ist es vor allem hilfreich sich die Frage zu stellen, was man machen würde, wenn Szenario XY (z.B. Brandalarm, Überfall, verletzter Gast, etc.) just in diesem Moment eintrete und zu reflektieren, ob die gewählten Maßnahmen zielführend wären. Tritt dann so ein Fall ein, kann auf kognitive „Standard-Maßnahmen" zurückgegriffen werden. Denn die Zeit zum Überlegen fehlt beim Ereigniseintritt.

Do – Kurz-Checkliste
Wer jetzt zu dem Ergebnis kommt: „Alle Maßnahmen zu implementieren, ist zu hoher Aufwand bzw. rechnet sich nicht bei der Größe meines Hauses", der sollte sich wenigstens an die folgenden Mindeststandards halten:
- Kein Check-In, ohne dass der Gast einen amtlichen Lichtbildausweis vorlegt
- Bei Walk-Ins grundsätzlich Vorkasse oder andere Garantie (z.B. Kreditkarte, hier aber durch Abbuchung prüfen, ob die Karte funktionsfähig ist)
- Keine Schlüsselausgabe bzw. Neucodierung von Zimmerkarten ohne Abgleich von Angaben (Ausweis) und im System hinterlegten Daten
- Keine Fragen zu Sicherheitseinrichtungen bzw. Sicherheitsmaßnahmen beantworten
- Keine Fragen zu Gästen im Haus beantworten
- Permanent auf dem aktuellen Stand der Dienstanweisungen und örtlichen Gegebenheiten sein sowie Szenarien gedanklich durchspielen oder praktisch üben (z.B. Brandschutz- und Evakuierungsübungen)

- Dauerhafte Präsenz im Eingangsbereich und an der Rezeption, unbekannte Gäste freundlich ansprechen
- Jederzeit auf die Eigensicherung achten!

Check/Act – Auswerten von Ereignissen

Neben eindeutigen Erwartungen ist eine ausgeprägte Fehler- und Lernkultur entscheidend. Ereignisse müssen unabhängig des gehobenen Zeigefingers ausgewertet und Fehler identifiziert werden. Denn Sicherheitsmaßnahmen müssen nicht nur regelmäßig revidiert, sondern können nur bei tatsächlich eingetretenen Ereignissen hinsichtlich ihrer Wirksamkeit überprüft werden. Dabei ist ein ehrliches Nachbereiten genauso wichtig, wie das Feedback zur Praxistauglichkeit. Ehrliche Antworten gibt es aber nur, wenn sich die Mitarbeiter auch trauen, dies offen zu äußern.

7.2 MAßNAHMEN ZU PRAKTISCHEN PROBLEMEN

Ich habe versucht einige Standardprobleme zu identifizieren und entsprechende Lösungen, die aber individuell je Haus zu prüfen sind, skizziert. Mit grundsätzlichen und sehr spezifischen Risiken soll sich nun nachfolgend beschäftigt werden.

7.2.1 SICHERHEITS- UND KONTROLLGÄNGE

Besonderheiten betreffen immer wieder den Nachtdienst – hier ist es umso wichtiger, dass die in den Kapiteln zuvor beschriebenen Maßnahmen zum Dienstbeginn eingehalten werden. Immer wieder gibt es Berichte darüber, dass Hotels vor allem nachts überfallen werden, weil es den Tätern gelang, sich Zutritt zum Haus zu verschaffen. Gängige Praxis und bereits beschriebene Herangehensweisen sind hier drei Wege:
- **Einschleichen während der Spätschicht**: die Täter nutzen aktiv unübersichtliche An- oder Abreisephasen, um sich im Hotel zu verstecken und die Straftat dann in der Nacht zu begegnen.

- Offene, **nicht verschlossene Türen** (auch Eingangstür) werden genutzt, um den Nachtdienst zu überraschen.
- Sich als **potenzieller Gast** das Vertrauen zur Öffnung der Tür ergaunern.

Umso wichtiger ist es, dass vor Dienstübernahme ein Rundgang im Hotel durchgeführt wird. Dabei sollten die Außentüren auf Verschluss und alle Versteckmöglichkeiten (z.B. Toiletten, Tagungsräume, Keller, Tiefgaragen, etc.) im Haus überprüft werden. Nur so kann sichergestellt werden, dass die größtmögliche Sicherheit hergestellt wird und böse Überraschungen vermieden werden. Zudem ist bei überlappenden Schichten zu diesem Zeitpunkt immer noch die Vorgängerschicht anwesend, sodass auch dem kontrollierenden Mitarbeiter eine zusätzliche Sicherheitsfunktion an die Hand gegeben wird. Klassisch durch ein Überschreiten der Kontrollzeit (der Kollege kehrt nicht wieder an die Rezeption zurück – Unfall oder Angriff) oder auch mit technischer Unterstützung (z.B. Funkgeräte), um Abweichungen zu melden und Unterstützung zu erhalten.

Schwerpunkte des Rundgangs müssen sein:
- Sind alle Flucht- und Rettungswege frei?
- Sind Türen, die abgeschlossen gehören auch abgeschlossen, Fenster geschlossen und funktioniert die (Not-)Beleuchtung?
- Hat sich jemand in den öffentlichen Toiletten oder anderen Bereichen versteckt?
- Sind Tresore und Bargeldkassette verschlossen und ist der Schlüssel für Außenstehende nicht einsehbar oder gar greifbar?
- Sind elektrische Geräte oder andere Brandgefahren ausgeschaltet?

Auch ich habe regelmäßig einen viel zu sorglosen Umgang mit dieser Thematik erlebt. Aber vor allem in Nachtschichten kann das über die körperliche Unversehrtheit entscheiden.

7.2.2 VERBRINGUNG VON TAGESEINNAHMEN

Weitestgehend hat sich in der Hotellerie durchgesetzt, dass Tresore oder andere gesicherte Wertbehältnisse zur Aufbewahrung der Tageseinnahmen genutzt werden. Trotz der Möglichkeit ein Geld- und Werttransportunternehmen zu beauftragen, erfolgt die Geldverbringung zur Bank oftmals noch durch Hotelmitarbeiter.

Dies ist aus mehreren Gründen überaus risikohaft: Auf der einen Seite wird diese Aufgabe in der Regel einer festen Person oder einer festen Schicht zugeordnet werden, sodass sich bestimmte Routinen einschleichen, die auch durch einen beobachtenden Täter identifiziert werden können. Darüber hinaus entsteht an mindestens zwei Positionen ein sogenannter Trichterhals:

Abbildung 6 Darstellung des Trichterhals (Quelle: Google Maps)

Ein Trichterhals entsteht immer am Ausgangs- und am Endpunkt des Weges, denn diese sind nicht variabel, sondern vorgegeben und müssen zwangsläufig angelaufen werden. Dies bedeutet konkret: Gleich welchen Weg der Mitarbeiter zwischen dem Start- und Zielpunkt wählt, er ist an beiden Punkten angreifbar. Umso wichtiger ist, dass der Weg zwischen Start und Ziel und die gewählte Uhrzeit zur Verbringung so variabel und in der Häufigkeit wechselnd gewählt wird, dass er für einen Täter nicht vorhersehbar ist. Durch die Wahl der Tageszeit (z.B. durch anwesende Personen, Öffnungszeiten, etc.) kann das Risiko am Trichterhals jedoch reduziert werden. Bei der Wegwahl sollte zusätzlich darauf geachtet werden, dass diese

- Sicher,
- Beleuchtet,
- Überschaubar und einsehbar

sind. Auch hier lassen sich die Grundsätze des CPTED-Konzeptes anwenden (siehe „CPTED – Kriminalprävention durch Umweltgestaltung" Seite 64). Idealerweise wird diese Aufgabe jedoch durch ein Geld- und Werttransportunternehmen übernommen, das durch regelmäßige Abholungen den Geldbestand im Hotel niedrig hält. Das gesamte Risiko, auch – und dies sei an dieser Stelle nicht zu vernachlässigen – das Risiko von Übergriffen auf Mitarbeiter und das damit verbundene Verletzungs- und Ausfallrisiko, wird somit im Sinne einer Risikostrategie auf Dritte abgewälzt. Dabei ist auch zu beachten, ob die Tätigkeit der „Verbringung von Geld" eine von der Berufsgenossenschaft versicherte Tätigkeit des vorgesehenen Personals darstellt. Funktions- und tätigkeitsfremde Aufgaben, die zum Beispiel nicht bei Funktionsbeschreibungen oder anderen Prozessen festgelegt sind, können unter Umständen nicht versichert sein und zu einem Haftungsrisiko werden.

7.2.3 INFORMATIONSMANAGEMENT DURCH SICHERHEITSKOMMUNIKATION

An einigen Stellen dieses Buches wurde bereits betont, wie wichtig Informationen sind. Neben einer klassischen Medienrecherche und das Führen eines Veranstaltungskalenders ist aber auch der direkte Kontakt mit dem Umfeld bedeutsam. Um zu erfahren, was in Ihrer direkten Nachbarschaft vor sich geht, welche Risiken und Vorfälle akut stattfinden, empfiehlt es sich in einen regelmäßigen Austausch mit Gewerbetreibenden und der Polizei zu gehen. So ein Konstrukt kann beispielsweise eine monatliche Sicherheitsrunde sein, in der neben polizeilichen Beobachtungen auch Straftaten bei anderen Gewerbetreibenden diskutiert werden können.

In vielen Polizeidirektionen existieren sogenannte Bereichskontaktbeamte oder Bürgeransprechstellen, bei denen man auch als Betrieb Informationen gewinnen kann.

Dabei sollte man nicht auf dem eigenen Informationsschatz sitzen bleiben, denn nur wenn alle Partner in diesem Sicherheitsnetzwerk ihren aktiven Beitrag leisten, dann wird der Mehrwert für einen gesamten Kiez geschafft. Ebenso sollte geprüft werden, ob das Hotel an einen kommerziellen Sicherheitsverteiler angeschlossen wird, in dem sicherheitsrelevante und -spezifische Informationen zu Tatbegehungen, Straftätern oder Fahndungsaufrufe verteilt werden.

8.0 DIE GASTPERSPEKTIVE

Urlaubszeit ist Reisezeit! Vielerorts findet man zu dieser Jahreszeit wieder Berichte oder Empfehlungen im Internet, die mit großartigen Überschriften versehen und reißerisch ankündigen, was man alles für den kommenden Sommerurlaub wissen und berücksichtigen sollte. Im englischsprachigen Raum werden dann gerne noch Titel wie "ehemaliger Nachrichtendienstler" genutzt, um die Glaubwürdigkeit des Autors zu unterstreichen. Diese vermeintlichen Tipps sollten Sie kennen, denn das werden unter Umständen die Erwartungen Ihrer Gäste sein.

Doch was ist an diesen Empfehlungen dran und können sich ahnungslose Gäste selbst einem Risiko aussetzen, wenn sie diesen Tipps folgen?

Einige dieser Standard-Empfehlungen zur Hotelsicherheit, sind nachfolgend aufgeführt und bewertet[59].

8.1 ONLINE-BUCHUNGEN UND CHECK-IN

Online-Buchungen sollen Zeit sparen, vor allem müssen weniger persönliche Daten öffentlich an der Rezeption beim Check-In angegeben und ggf. laut besprochen werden.

Es kommt hier wohl auf das Hotel an. Ich persönlich buche die letzten sieben Jahre ausschließlich online, in den seltensten Fällen werden meine Daten übertragen. Das stellt aber bei der oben genannten Begründung kein Problem dar. Warum - weil die Daten nicht mündlich aufgenommen werden, sondern der Meldeschein ausgefüllt werden muss (gesetzliche Vorgabe).

---

[59] Den Originalbeitrag, auf dessen Basis die nachfolgenden vermeintlichen „Tipps" basieren, finden Sie hier: 10 Hotel Safety Tips from a Former Intelligence Officer. https://www.securitymagazine.com/blogs/14-security-blog/post/89106-hotel-safety-tips-from-a-former-intelligence-officer?post_id=89106-hotel-safety-tips-from-a-former-intelligence-officer&ajs_uid=2026A6639590E0W&ajs_trait_oebid=3782E0258467B1M, Stand: 09.08.2020

Hier besteht sogar die Möglichkeit falsche Daten anzugeben, oft genug hatten wir das Thema bereits im Zusammenhang mit Einmietbetrug.

Ob es nun als unangenehm bzw. unsicher empfunden wird, wenn man an der Rezeption aus Höflichkeitsgründen mit Namen angesprochen wird, muss jeder selbst für sich beurteilen. Sollte man Bedenken haben, kann man versuchen zu Zeiten anzureisen, an denen es relativ ruhig ist. Ich kann an dieser Stelle aber versichern, dass man als Gast komisch angesehen wird, wenn man darauf besteht, nicht mit Namen angesprochen zu werden.

Genauso kritisch sehe ich auch den Fakt, dass es für den Gast unmöglich ist, den Umgang mit seinen personenbezogenen Daten im Hotel zu beeinflussen. Als Gast kann ich noch so vorsichtig sein, wenn die Meldescheine offen am Tresen liegen bleiben, das Housekeeping die Zimmerlisten mit Klarnamen auf den Housekeeping-Wagen offen liegen lassen oder durch die Begehungsweise wie „social engineering" Informationen vom Personal erfragt werden können, ist dem Gast auch nicht geholfen.

Ebenso muss erwähnt werden, dass nicht nur – wie in diesem Buch bereits geschrieben – unterschiedliche Erwartungen bezüglich der Sicherheit zwischen Mann und Frau, auch zwischen den unterschiedlichen Nationalitäten existieren. In Deutschland würde ein Gast mit einer minimalistischen Kommunikation und verstohlenen Zeichen hinsichtlich seiner Anonymität mit diesem Verhalten deutlich stärker auffallen. Und auffallen würde hier explizit bedeuten, man wird über ihn oder sie reden. Also sollten Sie sich möglichst durchschnittlich und den länderspezifischen Gegebenheiten angepasst beim Check-In verhalten. Im Idealfall haben Sie zwei Kontaktmomente: Check-In und Check-Out, ansonsten laufen Sie während des Aufenthalts unterm Radar, dann sind Sie nicht mehr als ein belegtes Zimmer.

Hier zeigt sich das nächste praktische Problem: Gastfreundlichkeit versus Sicherheit. Ersteres sollte - unabhängig der Sternekategorie - im Vordergrund stehen. Auch ich höre immer wieder: „Sie haben Zimmernummer 345, Herr Horn. Das ist in der dritten Etage, sie gelangen mit unseren Aufzügen vorne auf der rechten Seite dort hin. Frühstück ist morgen 06:30 Uhr bis 10:00 Uhr im Erdgeschoss auf der rechten Seite."

Ein potenzieller Täter erfährt also folgende, sehr spannenden Informationen:

- Zimmernummer,
- Name
- und dass ich frühstücken werde (idealer Zeitpunkt, um unbemerkt in mein Zimmer zu gelangen).

Kurze Randnotiz, die zeigt, wieviel man mit diesen Informationen erreichen kann:

Manchmal funktioniert meine Zimmerkarte bei der Rückkehr ins Hotel nicht mehr. Dann gehe ich damit zur Rezeption, merke dies an und werde leider oftmals lediglich nach der Zimmernummer gefragt. Den passenden Namen gibt mir das Personal oft mit: „Sie sind Herrn Horn, richtig?".

Wie bereits zuvor erwähnt: Alle persönlichen Sicherheitsmaßnahmen des Gastes enden mit der Qualität der Security Awareness und Kompetenz an der Rezeption.

Versetze ich mich in die Lage eines professionellen Täters, dann würde ich meinem Opfer in den seltensten Fällen auffällig folgen, sondern unauffällig an der Rezeption zuhören.

Aber ein weiterer wichtiger Aspekt muss angesprochen werden: Diebstahlschutz. Eine überfüllte Lobby beim Check-In oder Check-Out, der Frühstücksbereich und andere unübersichtliche Situationen wie Tagungsräume, sind ein Paradies für Diebe. Als Gast sollte man daher jederzeit Augen auf sein Hab und Gut haben und das Personal sollte unaufmerksame Gäste freundlich darauf hinweisen.

8.2 ETAGENWAHL

Die Etagenwahl wird eher unter wirklichen Sicherheitsexperten diskutiert: Niemals eine Etage unterhalb der zweiten und niemals die oberste. Im Idealfall zwischen der zweiten und vierten einquartieren lassen. Hintergrund ist, dass das Eindringen in unteren Etagen zu einfach ist und dass die meisten Feuerwehrleitern nur bis zum vierten Stockwerk reichen sollen. Im obersten Stockwerk sollte man sich nie befinden, da die Flucht-, Versteck- und Rettungsmöglichkeiten hier am „begrenztesten" sind.

Das kann weitestgehend als richtig bestätigt werden. Ob es in den oberen Stockwerken einen höheren Diebstahlschutz gibt, ist vom Sicherheitskonzept abhängig: Es ist absolut notwendig den "öffentlichen" Bereich gegenüber dem Gästebereich abzugrenzen und nur durch die Zimmerkarte betretbar zu machen. Dies ist aber in Deutschland kein etablierter Sicherheitsstandard. In diesem Fall würde man dann sicherlich weiter darüber diskutieren, wie man den Mitnahmeeffekt durch andere Gäste umgehen könnte, es wäre jedoch ein erster Schritt getan.

An dem Safety-Ansatz, eine niedrigere Etage zu wählen, ist wirklich etwas dran: Gemäß DIN-Norm müssen Feuerwehrdrehleitern bei einer Nennausladung (Abstand zum Objekt) von 12 Metern, eine Nennrettungshöhe von 23 Metern erreichen. Da Etagen nicht genormt sind, wird in einem einfachen Rechenbeispiel zum Veranschaulichen von 3 Meter je Etage und einer Lobbyhöhe von 5 Metern ausgegangen:

6. Etage	3 Meter (23 m)
5. Etage	3 Meter (20 m)
4. Etage	3 Meter (17 m)
3. Etage	3 Meter (14 m)
2. Etage	3 Meter (11 m)
1. Etage	3 Meter (8 m)
Lobby	5 Meter

Um sicherzugehen, sollte man als Gast kein Zimmer über der 5. Etage hinaus wählen. Aber auch hier sollte dieser Ansatz nicht zu einem absoluten Sicherheitsgefühl führen: Dieses Szenario hilft natürlich nur dann, wenn das Zimmer auch von mindestens einer Seite von einer Drehleiter erreichbar ist. Im Hinterhof hilft diese Empfehlung dann beispielsweise nicht.

Wer die Versuchsvideos der Feuerwehren kennt, der weiß wie groß der Schaden innerhalb von 3 Minuten bei einem Zimmerbrand sein kann. Die sogenannte Hilfsfrist der Feuerwehr, also diejenige Zeit, die die Spanne von Beginn des Notrufes bis zum Eintreffen der Einsatzkräfte am Einsatzort beschreibt, ist in Deutschland in den Rettungsdienstgesetzen föderal geregelt und kann zwischen 8 und 17 Minuten liegen. Das Thema Etagenwahl kann bei so einer Zeitspanne tatsächlich entscheidend sein.

8.3 ORIENTIERUNGSMÖGLICHKEITEN

Kartenmaterial sollte vom Hotel zur Verfügung gestellt werden, in dem auch die Beherbergungseinrichtung eingezeichnet werden kann. Darin kann man sich dann ebenfalls einzeichnen lassen, wo sich die nächste Polizei-, Feuerwehr- bzw. Rettungsstation sowie Krankenhäuser und Botschaften finden lassen.

Dieser Ansatz beschreibt im Kern die Grundsätze des CPTEDs – Orientierung und Milieu (siehe „CPTED – Kriminalprävention durch Umweltgestaltung" Seite 63). Eine Karte zu bekommen, ist im Regelfall eigentlich kein Problem. Diese liegt regelmäßig an der Rezeption aus und kann einfach mitgenommen werden. Was die Karte jedoch zeigt, kann vor allem bei Hotels außerhalb des Stadtzentrums zu einem echten Problem werden: Die Karte weist nur touristische Hotspots und die Innenstadt aus.

Darüber hinaus kann es als Gastservice vom Vorteil sein, dass Informationen zu öffentlichen (Hilfe-)Einrichtungen mit Rufnummern vorbereitet dem Gast zur Verfügung gestellt werden. Aber es besteht – wenn ein entsprechendes Sicherheitsbedürfnis erkannt wurde – auch die Pflicht des Gastes sich vorzubereiten: Sollte ich als Gast besondere (medizinische) Anforderungen haben (z.B. weil ich chronisch krank bin), muss ich die Hotelauswahl meinen Bedürfnissen anpassen (z.B. Nähe Rettungswache, Krankenhaus, etc.).

Praxistipp: Bei Google-Maps können unter "meine Karten" die notwendigen Örtlichkeiten gespeichert, geräteunabhängig abgerufen und geteilt werden, um diese auch vor Ort verfügbar zu haben. Das spart Zeit und schafft Sicherheit.

Glücklicherweise ist Taxifahren in Deutschland relativ ungefährlich, was auch in die örtlichen Erreichbarkeiten einberechnet werden sollte. Dennoch ein paar Tipps dazu:

- Telefonisch kann man bei der Taxizentrale auch Wünsche äußern, so kann beispielsweise für alleinreisende Frauen auch explizit ein weiblicher Fahrer geordert werden

- Man sollte sich immer die Taxinummer geben lassen, sodass nicht nur bei Straftaten, sondern auch, wenn man etwas liegen lässt, die Zuordbarkeit gegeben ist.
- Ganz Vorsichtige können Kennzeichen oder Taxinummer auch einer Vertrauensperson zukommen lassen, sodass hier ebenfalls eine Nachvollziehbarkeit herrscht.

8.4 SICHERHEIT IM HOTELZIMMER

Mit kleinen Sicherheitsmaßnahmen kann der Einbruchsschutz auch durch den Gast erhöht werden: Hängen Sie das „Bitte nicht stören"-Schild von außen sichtbar an die Tür und lassen Sie den Fernseher laufen. Laufen Sie zudem die Flucht- und Rettungswege ab und prägen Sie sich Besonderheiten ein.

Natürlich wirkt, wie beim "einfachen Einbruchschutz" im Eigenheim, ein belebtes Zimmer immer sicherer als ein unbelebtes. Aber auch hier ist das zentrale Problem: Was passiert, wenn an der Tür geklopft wird und niemand reagiert? Auch Tätern ist dieser „Trick" hinreichend bekannt und nur durch einen Grundgeräuschpegel lässt sich niemand mehr abhalten. Erschwerend kommt hinzu, dass die Steuerung der Elektronik oftmals über die Zimmerkarte und der Box (Hotelkartenschalter) am Eingang erfolgt. Folglich benötige ich entweder zwei Zimmerkarten (bei Einzelzimmer schwerlich an der Rezeption zu erklären) oder es funktioniert nicht, sobald ich die Karte herausnehme, um später wieder in mein Zimmer zu gelangen. Das "Bitte nicht stören"-Schild bezeichne ich als eine zeitlich begrenzte, aber wirksame Maßnahme.

Auch hier ist das Problem: Die Maßnahme ist verwirkt, wenn ich als Gast beim Verlassen des Zimmers gesehen werde oder über 14 Tage dauerhaft das Schild draußen hängen lasse. Dann stellt sich des Weiteren die Frage, ob nicht zwischendurch auch der Mülleimer geleert, die Handtücher getauscht und das Zimmer gesaugt wird. Auch das wird realisierbar sein, dennoch ist das mit großem Aufwand und - wenn es nicht geschickt angegangen wird - wieder einmal mit Aufmerksamkeit verbunden.

Evakuierungs- und Brandschutzpläne sollten bereits im Zimmer hängen und tun es auch die meiste Zeit. Hier empfiehlt es sich jedoch einmal einen Blick auf das Erstelldatum zu werfen und - sofern die Bereiche nicht alarmgesichert sind - die Fluchtwege abzugehen. Dies sorgt auf der einen Seite für eine persönliche Sicherheit im Eintrittsfall einer Evakuierung oder Räumung, aber auch genau für die im Tipp empfohlenen Beobachtungen: Freigeräumte Flucht- und Rettungswege sind nicht immer der Fall, sinnvoll ist es hier wirklich bis zum Sammelplatz zu gehen, da auch im Außenbereich Hindernisse oder Verengungen stehen können.

Sie glauben gar nicht, wie oft es vorkommt, dass es einen Hotelier nicht interessiert wie Bereiche aussehen, die dem regelmäßigen Gastverkehr nicht zur Verfügung stehen. Ein solches Beispiel erlebte ich in einem Stuttgarter Hotel: Der Fluchtweg war frei begehbar (nicht alarmgesichert), jedoch bestand durch alten und frischen Vogeldreck Rutschgefahr bei Eile, Brandlasten durch Zeitungen waren eingebracht (offensichtlich diente dieser Bereich auch als "Pausenraum") und das offene Fenster sollte den aufdringlichen Zigarettenqualm verwehen. Hier merkte man schnell, dass das Sicherheitsbewusstsein nicht vorhanden war.

Abbildung 7 Unbegehbare Flucht- und Rettungswege (eigene Darstellung)

Sollten Beobachtungen gemacht werden, rate ich jedem sich an die Rezeption zu wenden. Dies kann dort vielleicht auf Unverständnis treffen, für das eigene Gefühl aber absolut notwendig sein. Ich unterstelle bei Verstößen wirklich selten eine Absicht, aber der blinde Fleck des Personals und möglicherweise das Unwissen über richtiges Verhalten kann durch den Hinweis auf eine fehlende Awareness möglicherweise beseitigt werden. Die Reaktion des Personals auf den Hinweis lässt mich entscheiden, ob ich hier das nächste Mal wieder buchen werde oder nicht.

Im oben genannten Beispiel tat ich das auch (zusätzlich ergänzend über social media) und mir wurde schriftlich zugesichert, dass die Mängel behoben wurden.

Türschlösser sind knackbar, ob sie nun mechanisch oder elektronisch sind. Mit den "richtigen" Hilfsmitteln ist das machbar, diesen Punkt müssen wir an dieser Stelle sicherlich nicht diskutieren. Viel diskussionswürdiger ist meines Erachtens der immer wieder zu lesende Hinweis, dass man doch die Tür mit Keilen von innen zusätzlich „verschließen" könnte: Ein Verkeilen der Zwischentür zu einem anderen, nicht von einem selbst belegten Zimmer, ist absolut nachvollziehbar. Bei der Hauptzimmertür bin ich wirklich zwiegespalten, auch aufgrund eines eigenen Erlebnisses:

In dem Hotel, für das ich zu Beginn meiner Karriere zuständig war, lebte eine ältere Frau, die auf einen Elektrorollstuhl angewiesen war. Aufgrund der beengten Räumlichkeit stellte sie diesen immer innen vor die Hotelzimmertür. Nachts wurde ich dann aus dem benachbarten Zimmer informiert, dass Hilferufe aus eben entsprechendem Raum zu hören sind. Durch die Tür konnte ich Kontakt mit der Frau aufnehmen, die aus dem Bett gestürzt war und nicht mehr eigenständig hochkam. Ich nutzte folglich den Generalschlüssel, um das Zimmer zu betreten. Die Tür ging nur wenige Zentimeter auf, wurde dann durch den Rollstuhl blockiert. Es dauerte 15 bis 20 min bis ich den Rollstuhl so weit vorgeschoben hatte, dass die Tür ganz aufging - danach fing ich erst an darüber zu klettern.

Ich hoffe dieses Beispiel verdeutlicht meinen Zwiespalt, sollte ich Keile unter die Tür legen und Hilfe benötigen, wird dies lange dauern - möglicherweise zu lange. Hier muss im Zweifelsfall eine Risikoabwägung erfolgen, die selten etwas mit dem Alter zu tun hat: Einen Hexenschuss, der völlig unbeweglich macht, ist keine Frage des Alters.

Kleiner Praxistipp am Rande: Die Verriegelung von innen an den Türen sollte genutzt werden, hier muss jedoch vor dem Benutzen getestet werden, ob die Panikschließung - heißt, die Tür muss sich bei Verriegelung durch Betätigen der Klinke öffnen lassen - funktioniert.

Taschenlampen sind immer auf Reisen, aber auch zu Hause sinnvoll. Nicht nur, weil sie mögliche Angreifer blenden können (auch hier Risikoabwägung), sondern aus meiner Sicht und viel wichtiger: Sie ermöglichen eine Bewegungsfreiheit bei Stromausfall. Und das ist vor allem in einer nicht bekannten Umgebung wichtig.

8.5 DER HOTELSAFE

Den Zimmersafe bitte nicht nutzen! Es ist nicht nur einfach den "Tresor" aufzuhebeln, da selten eine VdS- oder EN-Normung vorliegt, dieser folglich keinen wirklichen Einbruchsschutz bietet. Darüber hinaus hilft auch folgendes Gedankenspiel:
Meinen Sie wirklich, ein Hotel wirft den Tresor jedes Mal weg, wenn der Gast seine PIN vergessen, den Schlüssel verloren, nach dem Auschecken den Tresor verschlossen lässt oder die Batterie leer ist? Sicherlich nicht, da gibt es immer eine Lösung, die da heißt: Der Hotelier, seine Angestellten und beauftragte Firmen haben jederzeit Zugriff – auch auf den Inhalt. Ich möchte niemanden etwas unterstellen, aber am Ende sprechen wir über die eigene Sicherheit. Also gilt auch hier, keine Wertsachen im Zimmer lassen.

9.0 BEWERTUNGSMATRIX „SICHERE ÜBERNACHTUNG"

Für diejenigen mit einem erhöhten Sicherheitsbewusstsein, für Entscheider der Konzernsicherheit oder Planern von Dienstreisen möchte ich meine persönliche Checkliste zur Bewertung des Schutzstatus abschließend mitgeben.
Viele, der in diesem Buch genannten Aspekte sind dort verankert und können von Ihnen bewertet werden. Die Liste kann selbstverständlich Ihren Bedürfnissen angepasst und erweitert werden. Mir hat sie bisher gute Dienste geleistet, ich hoffe Ihnen auch!

Bleiben Sie sicher!

Checkliste Reiseplanung

Hotelsicherheit

	erfüllt	nicht erfüllt	Score*	Result	Begründung/Ergänzung
	1	-1	1 -5 (5 = höchste Wertung)	Summe aus (C3*E3+D3*E3)	
1) Lage					
An- & Abfahrtwege zum Objekt					
Breite Straßenzüge im Umkreis von 3 km			3	0	
mehrere Ab- & Zugänge im Hotelblock			3	0	4 m kleiner/gleich Straßenzüge kleiner gleich 35 m
ausreichende Beleuchtung, keine dunklen Nischen im Umfeld von einem Block des Hotels			5	0	keine Versteckmöglichkeiten/maximale Sicht
Gute, nachvollziehbare Beschilderung (Eindeutigkeit)			3	0	
mehrere Optionen für Fußgänger Straße zu überqueren (Mobilität)			1	0	
Bepflanzung (Sträucher) im Anfahrtsweg und Hotelblock			4	0	Bedingung: Höhe Sträucher kleiner/gleich 500 mm
Bepflanzung (Bäume) im Anfahrtsweg			2	0	Bedingung: Höhe Bäume keine Verdeckung von
Graffiti-Belastung im Hotelblock			4	0	(Sachbeschädigungen)
Lage nah von infrastrukturellen Einrichtungen					
Polizei- und Sicherheitspräsenz im Umfeld des Hotels (Malls, Polizeiwachen, Feuerwehr)			2	0	Achtung: je nach Zielort, Institutionen auch Angriffsziel (Vorabrecherche notwendig)
Infrastrukturelle Einrichtungen (Bus, Bahn, Flughafen) sind keine Insellösungen			2	0	Achtung: je nach Zielort, Institutionen auch Angriffsziel (Vorabrecherche notwendig)
(Infrastrukturelle) Einrichtungen sind mehrsprachig bzw. mit internationalen Zeichen gekennzeichnet			4	0	ISO-Kennzeichnung
Krankenhäuser und andere medizinische Einrichtungen in der näheren Umgebung vorhanden			2	0	Achtung: je nach Zielort, Institutionen auch Angriffsziel (Vorabrecherche notwendig)
(wenn) Zentrumslage					
Bars, Nachtclubs, Diskothen im Hotelblock			3	0	Abhängigkeiten: Positive Bewertung bei nicht sicherheitsrelevanter Belebung des Viertels // Negative Bewertung bei Begleitkriminalität
Stadtrandlage mit Zentrumsanbindung			4	0	Verlassen der Stadt möglich bei Vorkommnissen auf zentralen Zufahrtswegen (z.B. Demonstrationen)
2) Hotelorganisation					
Notfallorganisation					
Notfallpläne vorhanden			5	0	Brandschutz, Evakuierung, Überfall, Katastrophen, sonstige Vorkommnisse
Kommunikation mit örtlichen Behörden vorhanden			3	0	Auswertung von Gesprächen Hotel/Sicherheitsbehörden
Bereitschaft zur Schulung von PersSch & Sicherheitsverantwortlichen des Gasts			5	0	Kennenlernen der Sicherheitsstrukturen
Qualitätsstandards					
Zertifiziert nach ISO-Normen 9001			4	0	QM, Risk
Kenntnisse der Sprache der Schutzpersonen bzw. seiner Begleiter vorhanden			4	0	Kommunikation und Verständigung möglich
Technische Einrichtungen					
BMZ/BMA vorhanden			5	0	regelmäßige Wartung durch Betreiber
EMZ/EMA für unübersichtlihe Bereiche des Hotels vorhanden			5	0	regelmäßige Wartung durch Betreiber, Ersatz durch organisatorische Maßnahmen
Videoüberwachung vorhanden			3	0	regelmäßige Wartung durch Betreiber, Ersatz durch organisatorische Maßnahmen // nähere Klärung der Aufzeichnung und Zugriffsbeschränkung
Schlüssel					
Zimmerschlüssel			4	0	Schlüssel sind Schlüsselkarten vorzuziehen, Bedingung von Schlüsselkarten: Auslesemöglichkeit an der Tür
Schlusselausgabe ist organisatorisch geregelt			4	0	Schlüsselausgabe nur an legitimierte Personen // mehrere Karten/Schlüssel (mind. für PersSch)

3) Hotelkomplex

Bereich	Kriterium			Anmerkung
Allgemeines	Aussage: zur Frühstückszeit ist in dem Gesamtkomplex weniger an Gästebewegungen zu erkennen, als ab den frühen Abendstunden	5	0	Gästebewegungen geben Aussagen über Gästestrukturen
	Mitarbeiterstamm/Fremdpersonal	4	0	Mitarbeiterstamm ist fest und beständig; häufige Mitarbeiterwechsel werden vermieden und Besetzung der Rezeption durch Externe (Outsourcing) erfolgt nicht
	einfaches Zurechtfinden in der Hotelanlage	4	0	Grundprinzipien der Legibility = Vertrauen
	Klarer Ansprechpartner vorhanden	5	0	24h: deutliche Erkennbarkeit von Ansprechpartnern (Bellboy, Rezeptionsmitarbeiter, Sicherheitskraft)
	Gästeanzahl entspricht Hotelgröße (ist ausreichend)	4	0	Überfüllungen und Überlaufen von zentralen Anlaufpunkten wird verhindert // klare Strukturen
	Alle Ausgänge sind ausreichend beleuchtet	4	0	
	positive Formulierungen von Verboten, Hinweisen mit direktem Ansprechpartner	2	0	
	weitere eingemietete Gäste im Hotel, Etage, Zimmern	2	0	Check der Gäste in anliegenden Zimmern -> keine klassischen Regeln
	Einbruchsschutz	3	0	Bewertung klassischer Vorgaben des Einbruchsschutzes VdS//DIN
Lobby	freier Blick aus der Lobby auf die Straße	4	0	vollständige Verglasung
	Eingänge sind klar gekennzeichnet und unkompliziert zu erreichen	4	0	
	Eingänge sind ausreichend ausgeleuchtet	5	0	
Etagen	freier Blick aus den oberen Etagen	3	0	
	Mindestens ein Fluchtweg direkt ins Freie (Stichflurlänge < 10 m)	5	0	Notausgangstür bestenfalls alarmgesichert (Stichflur)
	Kennzeichnung von Ausgängen, Flucht- und Rettungswegen	5	0	
	Klare Struktur der Etagen (Kennzeichnung)	5	0	
	Keine toten Winkel	5	0	Nach Verlassen des Aufzugs/Treppenhauses ist die gesamte Etage vollständig zu überblicken
Hotelvorplatz	ausreichender Abstand zwischen Hotelzugang und Straße	5	0	
	Überblick über den Außenbereich	5	0	Beleuchtung bei Nacht ohne Spiegelung in Glasscheiben
	geringe Höhen von Befriedungen	5	0	
	klare Abgrenzung vom privaten und öffentlichen Bereich	5	0	keine Gefährdung der Evakuierung der Schutzperson // Möglichkeit der Vorfahrt vors Hotel
Restaurant/Frühstücksbereich/Bar	Frühstücksregelung hotelfremde Personen	4	0	
	Abtrnnung eigener Frühstücksbereich // Reservierung	4	0	
	Erhöhung/Trittfläche hinter Bar, FS-Anreichen und sonstigen MA-Arbeitsplätzen	3	0	beständige Übersicht über Bereiche mit erhöhtem Publikumsverkehr
	eigenes Restaurant	3	0	Nutzung der vorhandenen Facilities, Verringerung der öffentlichen Bewegung
Hotelzimmer	Einbruchschutz	5	0	Bewertung klassischer Vorgaben des Einbruchsschutzes VdS//DIN
	Zutrittskontrolle	5	0	Ausleseneinheit am Türschloss bei Kartenlesesystemen
	freie Wahl der Etage und der Zimmerlage	5	0	
	Flucht- und Rettungspläne im Zimmer vorhanden	5	0	
	Panic-Room vorhanden	2	0	
Wellness/Spa-Bereich	Reinigung der Wellness-Handtücher	3	0	Spezialreinigung der Handtücher

4) Etage	Fluchtwege in der Nähe, Höhe der Etage, Nebenzimmer, Mögliche Absprachen, Zimmerwechsel		
Flur			
Durchgehende Beleuchtung des Hotelflurs	5	0	keine Schaltung durch Bewegungsmelder, es muss erkennbar sein, dass es keine Manipulation am Licht gab
Mindestens zwei Fluchtwege je Etage	5	0	Mindestens ein Fluchtweg muss direkt ins Freie führen
Funktionierende Notbeleuchtung	4	0	klare Regelungen für die Reperatur der Notbeleuchtung (Orga)
Keine toten Winkel/Nebenflure	5	0	Direkte Einsicht in den Hotelflur vom Fahrstuhl/Treppenhaus aus
5) Tiefgarage			
Zu- und Abfahrten			
Einfahrt durch Rolltor gesichert	5	0	
Einfahrt deutlich gekennzeichnet	4	0	
Legitimation per Hotelkarte	4	0	Bei Anreise Videoüberwachung und Gegensprechanlage
Videoüberwachung der Einfahrt	3	0	
Schnelles Schließen des Rolltores	4	0	(</= 15 sekunden)
Einfahrt ausreichend beleuchtet	4	0	
Getrennte Ein-/Ausfahrtfahrt	4	0	
Notausfahrt gegeben?	5	0	
Stellplatz			
Vergabe fester Parkplatz über Aufenthaltszeitraum	5	0	
Stellplatz am Fahrstuhl, Treppe	4	0	
Videoüberwachung der Parkplatz-Etagen	5	0	
Parkplatz ist ausreichend beleuchtet	4	0	
klare Strukturierung der Etagen	4	0	Übersicht der Ebenen
deutliche Ausschilderung der Ausgänge	5	0	einfache Orientierung auf den Ebenen // Notausgänge und Fluchtwegkennzeichnung
Notrufeinrichtungen vorhanden	5	0	Notrufeinrichtung gekoppelt an Videoüberwachung // Interventionspläne vorhanden
		0	

Das Hotel erfüllt keine Mindeststandards der Sicherheit, eine Akkreditierung darf nciht erfolgen!

-296 0 98 198 296

Aussschlussfaktoren - bei Nichtvorhandensein, Abbruch Aquirierung

5 Der beschriebene Faktor ist elementarer Bestandteil der Sicherheit des Mitarbeiters. Abweichungen oder gar vollständiges Fehlen gefährdet im höchsten Maße Leib, Leben, Freiheit, geistiges und physisches Eigentum der Person bzw. des Unternehmens.

4 Der beschriebene Faktor ist wichtiger Bestandteil für die Sicherheit des Mitarbeiters. Abweichungen oder gar vollständiges Fehlen gefährdet im hohen Maße Leib, Leben, Freiheit, geistiges und physisches Eigentum der Person bzw. des Unternehmens.

3 Der beschriebene Faktor ist Bestandteil der Sicherheit des Mitarbeiters. Abweichungen oder gar vollständiges Fehlen gefährdet Leib, Leben, Freiheit, geistiges und physisches Eigentum der Person bzw. des Unternehmens.

2 Der beschriebene Faktor ist Bestandteil des subjektiven Wohlfühlens des Mitarbeiters. Abweichungen oder gar vollständiges Fehlen können Leib, Leben, Freiheit, geistiges und physisches Eigentum der Person bzw. des Unternehmens gefährden, wenn unsicher gehandelt wird.

1 Der beschriebene Faktor ist ein geringfügier Bestandteil des subjektiven Wohlfühlens des Mitarbeiters. Ein Nichtvorhandensein kann in Kombination mit anderen Faktoren eventuell zu einem Risiko, einer Gefährdung, einer Bedrohung führen

10.0   WEITERFÜHRENDE LITERATUR

Berthel, Jürgen / Becker, Fred G. (2007): Personal-Management. Grundzüge für Konzeptionen betrieblicher Personalarbeit. Schäffer-Poeschel Verlag, Stuttgart, Deutschland.

Black, Jane (2009): Upper Hutt City. Design Guidelines for Crime Prevention through Environmental Design. Upper Hutt Citty Council/Incite Ltd., Upper Hutt City, Neuseeland.

Boeree, George (2006): Persönlichkeitstheorien. ABRAHAM MASLOW [1908-1970]. Shippensburg University, Shippensburg, USA.

Brandt, Daniel (2004): Wirkung situativer Kriminalprävention – eine Evaluationsstudie zur Videoüberwachung in der Bundesrepublik Deutschland. Universität Bielefeld, Löhne, Deutschland.

Crime Prevention Through Environmental Design Committee (2000): Crime Prevention Through Environmental Design. General Guidelines For Designing Safer Communities. City of Virginia Beach Municipal Center, Virginia Beach, USA.

Hamburger Senat (06.07.2013): Mitteilung des Senats an die Bürgerschaft. Unterrichtung der Bürgerschaft über die Videoüberwachung der Reeperbahn (Wirksamkeitsanalyse). Hamburger Senat, Hamburg, Deutschland.

Horn, Florian (2013): Polizeiliche Personenfahndung in Beherbergungsstätten. Kann ein engerer Informationsaustausch mit den Akteuren der Hotelsicherheit zu besseren Fahndungserfolgen führen? Hochschule für Wirtschaft und Recht Berlin, Berlin, Deutschland.

Horn, Florian / Gründig, Stefanie (2014): Reisesicherheit. Planung einer Dienstreise für den Vorstandvorsitzenden in nicht-Risikoländer mit bewaffnetem Personenschutz. FHB, Brandenburg, Deutschland.

ISF (1999): Information risk reference guide. ISF, o.O.

Jeffery, C. Ray (1971): Crime Prevention Through Environmental Design. SAGE Publications, London, England.

Lösel, Friedrich; Plankensteiner, Birgit (2005): Die Wirksamkeit der Videoüberwachung. Campbell Collaboration on Crime and Justice, Nürnberg, Deutschland.

National Crime Prevention Council (2003): Crime Prevention through Environmental Design. Guidebook. Public Affairs Department, Police Headquarters, Level 4, New Phoenix, Singapur.

o.A.: Crime Prevention through Environmental Design. Guidelines for Queensland - Part a: Essential features of safer places. Queensland: The State of Queensland (2007) - ISBN 978-0-9579910-1-9

o.A. (2008): Erstbetreuung und Nachsorge nach Überfällen in Sparkassen. GUV – X 99961. Bayerischer Gemeindeunfallversicherungsverband, München, Deutschland.

Ohder, Claudius (Hrsg.) (13. Ergänzungslieferung – Stand: 2012): Praxishandbuch Unternehmenssicherheit. Boorberg Verlag, Stuttgart, Deutschland.

Rössner, Dieter / Bannenberg Britta / Sommerfeld Michael / Fasholz Susanne (Gesamtredaktion): Düsseldorfer Gutachten: Empirisch gesicherte Erkenntnisse über kriminalpräventive Wirkungen. Landeshauptstadt

Düsseldorf: Arbeitskreis Vorbeugung + Sicherheit. Kriminalpräventiver Rat der Landeshauptstadt Düsseldorf (2002)

Schubert, Herbert (Hrsg.) (2005): Sicherheit durch Stadtgestaltung. Städtebauliche und wohnungswirtschaftliche Kriminalprävention. Konzepte und Verfahren, Grundlagen und Anwendungen. Verlag Sozial Raum Management, Köln, Deutschland.

Stummvoll, Günter (2008): Die ENV14383-2: Ein normatives Konzept zur Kriminalprävention durch Stadtplanung und Design. Institut für Rechts- und Kriminalsoziologie, Wien, Österreich.

Von zur Mühlen (2014): Sicherheits-Management. Grundsätze der Sicherheitsplanung (2. Auflage), Stuttgart, Boorberg Verlag

Zahm, Diane (2007): Problem-Oriented Guides for Police Problem-Solving Tools Series Guide No. 8: Using Crime Prevention Through Environmental Design in Problem-Solving. U.S. Department of Justice, Washington, USA.

Internet-, Zeitschriften- und Normenquellen
GIT Sicherheit + Management (Ausgabe 11/2013)
DEHOGA (2010-2014): Deutsche Hotelklassifizierung. Abrufbar über: http://www.hotelsterne.de/fileadmin/pdf/Deutsche_Hotelklassifizierung_20 10-2014.pdf, Stand: 27.07.2014

ETV (2017): Entgelttarifvertrag für Sicherheitsdienstleistungen in Berlin und Brandenburg vom 31.01.2017 gültig mit der Wirkung ab 01.01.2017

Matsunaga, Chiaki / Okuda, Daiki / Teramachi, Kenichi / Sumi, Tomonori (2011): Study on the Incidence of Opportunity Crime on Residential Streets Considering Traffic Volume and Visible Range. International Journal of Asian Social Science, 1(4), o.O.: , Japan. (pp. 97-107)

ISO 270005 (2008): Information technology – Security techniques – Information security risk management, first edition, Genf, Schweiz.